DeepSeek + 豆包 +
剪映 + 即梦

AI短视频生成与剪辑指南

AIGC文画学院

编著

化学工业出版社

·北京·

内 容 简 介

本书聚焦当下4大热门AI工具：DeepSeek、豆包、剪映、即梦AI，并提供了130多分钟教学视频、210多页PPT课件等资源，为读者提供全面的实操指南。

首先讲解DeepSeek和豆包的用法。DeepSeek部分详解了其主要功能、文案生成策略，以及影视解说、情景短剧等多种视频脚本的生成方法。在豆包部分，从注册、登录到AI写作、生图、解题答疑等基础操作，再到利用深度技巧编写提示词，以及利用其生成各类视频文案，都有详细介绍。

剪映是当下热门的短视频剪辑软件。本书从入门知识开始讲起，包括其优势、手机版与电脑版的区别、下载和安装，到核心操作如剪辑、调色、音频和文字编辑等技巧，再到一键成片、AI功能及高阶用法，最后通过电脑版综合案例展示了完整的制作过程。

即梦AI部分介绍了从登录、注册、文生图和图生图的操作技巧，到文生视频和图生视频的创作逻辑，以及智能新玩法如局部重绘、智能扩图、生成音乐等，并且有网页版综合案例呈现全流程效果。

最后，通过综合案例将DeepSeek、豆包、即梦AI和剪映4个工具结合应用，展示如何从文案生成、图片创作、视频制作到后期剪辑的完整创作流程，帮助读者全面掌握这些工具，开启高效的AI创作之旅。

本书内容翔实，既适合作为各学校的专业教材，也适合AI、新媒体、营销、电商从业者及职场人士学习，是AIGC创作者提升创作效率和质量的实用教程。

图书在版编目(CIP)数据

DeepSeek+豆包+剪映+即梦：AI短视频生成与剪辑指
南 / AIGC文画学院编著. -- 北京 ： 化学工业出版社，
2025. 6 （2025. 11重印）. -- ISBN 978-7-122-48005-7

Ⅰ．TN948.4-39

中国国家版本馆CIP数据核字第2025UT5600号

责任编辑：王婷婷 李 辰　　　　　　　　封面设计：王晓宇
责任校对：李露洁　　　　　　　　　　　　装帧设计：盟诺文化

出版发行：化学工业出版社（北京市东城区青年湖南街13号　邮政编码100011）
印　　装：北京瑞禾彩色印刷有限公司
710mm×1000mm　1/16　印张15½　字数302千字　2025年11月北京第1版第4次印刷

购书咨询：010-64518888　　　　　　　　售后服务：010-64518899
网　　址：http://www.cip.com.cn
凡购买本书，如有缺损质量问题，本社销售中心负责调换。

定　　价：98.00元

前　言

一、写作驱动

在数字化时代，视频创作与剪辑已经成为一种广泛应用的技能，无论是个人记录生活点滴，还是企业宣传品牌形象，都离不开这一技能的加持。然而，对许多初学者和进阶者来说，视频创作与剪辑的道路并非一帆风顺，而是充满了各种挑战与痛点。

首要的痛点在于创意与内容的匮乏。许多人在面对视频创作时往往感到无从下手，不知道该拍摄什么内容，如何编写吸引人的文案或脚本。这不仅限制了视频的表现力，也让创作者在起点就失去了信心。其次，技术门槛过高也是一大难题。视频剪辑软件种类繁多，功能复杂，初学者往往需要花费大量时间和精力去熟悉和掌握。即便掌握了基础操作，如何在剪辑中融入创意、提升视频质量，也是一道不易跨越的坎儿。

此外，时间与效率问题同样困扰着许多创作者。在快节奏的社会中，时间就是金钱，效率就是生命。然而，传统的视频创作与剪辑流程烦琐且耗时，从拍摄到剪辑再到后期处理，每一个环节都需要精心打磨，这无疑增加了创作者的工作负担和时间成本。

正是基于这些痛点与需求，我们推出了本书。本书旨在通过介绍4大热门AI工具——DeepSeek、豆包、剪映短视频和即梦AI，帮助读者解决视频创作与剪辑中的难题，提升创作效率与质量。

DeepSeek与豆包作为文案与脚本编写的利器，能够轻松解决创作者在内容创作上的困扰。它们不仅能够根据用户的需求生成多样化的文案与脚本，还能够通过智能分析优化内容质量，让创作者在轻松愉快的氛围中完成创作。

剪映短视频作为一款功能强大的视频剪辑软件，无论是手机版还是电脑版都备受用户喜爱。它提供了丰富的剪辑工具和特效，让创作者能够轻松实现视频的裁剪、拼接、调色、添加字幕等操作。更重要的是，剪映还融入了AI技术，使得视频剪辑更加智能化、高效化。

即梦AI则是一款专注于绘图与视频生成的AI工具。它不仅能够根据用户的描述生成高质量的图片，还能够将图片转化为动态视频，极大地丰富了视频创作的形式与内容。

本书的特色与亮点在于将这4大工具紧密结合，通过综合案例的形式展示它们在视频创作与剪辑中的实际应用。本书不仅详细讲解了每个工具的基础操作与高级技巧，还通过实例演示了如何将它们综合运用，创造出独具匠心的视频作品。此外，本书还涵盖了手机版、电脑版和网页版的使用教程，满足不同用户的需求和学习习惯。

我们相信，通过学习本书内容，读者将能够轻松掌握视频创作与剪辑的核心技能，利用AI工具提升创作效率与质量，从而在视频创作的道路上越走越远。

二、教学资源

本书提供的配套教学资源及数量如下表所示。

教学资源及数量表

序　号	教学资源	数　量
1	电子教案	13 课
2	素材	112 个
3	提示词	42 条
4	效果	125 个
5	视频	107 个
6	PPT 课件	219 页

三、获取方式

如果读者需要获取书中案例的素材、效果、提示词、视频、教案和课件，请使用微信"扫一扫"功能扫描书中对应的二维码即可。

四、特别提示

1. 本书涉及的各大软件和工具的版本分别是：剪映手机版为15.3.0版，剪映电脑版为7.3.0版，即梦手机版为1.3.1版。

2. 在编写本书的过程中，是根据软件和工具的当前最新版本截取的实际操作图片，但书从编辑到出版需要一段时间，在此期间，这些工具的版本、功能和界面可能会有变动，请在阅读时，根据书中的思路，举一反三，进行学习。

3. 需要注意的是，即使是相同的提示词，AIGC工具每次生成的回复和效果也会存在差别，因此在扫码观看教程时，读者应把更多的精力放在指令的编写和实际操作的步骤上。

五、编写团队

本书由AIGC文画学院编著，参与编写的人员还有陈怡蓉，在此表示感谢。由于编写人员知识水平有限，书中难免有疏漏之处，恳请广大读者批评、指正。

目　录

【文案篇】

【剪映篇】

【即梦AI篇】

【综合篇】

【文案篇】

第 1 章　玩转 DeepSeek

随着DeepSeek技术的持续精进，它在内容创作领域展现出了卓越的潜力。从核心功能到文案生成策略，再到视频脚本的精准创作，DeepSeek都能提供全方位支持。其每一步操作都旨在加速高质量内容的产出，优化整个创作流程，为用户带来创作效率与作品质量的双重显著提升。

1.1　DeepSeek的主要功能

　　DeepSeek是由杭州深度求索人工智能基础技术研究有限公司开发的一款人工智能工具，集成了自然语言处理、机器学习等先进技术。通过精准的数据分析和智能推理，DeepSeek能够为用户提供更为个性化和高效的服务。

1.1.1　注册与登录DeepSeek

　　DeepSeek手机版全称为"DeepSeek—AI智能对话助手"，其界面设计简洁明了，用户友好性高。无论是iOS（苹果）还是Android（安卓）系统，用户都可以在应用商店轻松下载并安装，或者访问DeepSeek的官方网站，扫描二维码进行下载。下面介绍安装DeepSeek手机版的操作方法。

扫码看教学视频

　　步骤01 打开手机应用商店App，点击界面上面的搜索栏，❶在搜索栏中输入并搜索DeepSeek，在搜索结果中点击"DeepSeek—AI智能对话助手"右侧的安装按钮 ，如图1-1所示，即可下载并安装DeepSeek手机版。

　　步骤02 稍等片刻，等DeepSeek安装完成后，点击DeepSeek右侧的"打开"按钮，进入DeepSeek手机版，在弹出的"欢迎使用DeepSeek"面板中，点击"同意"按钮，如图1-2所示。

　　步骤03 进入相应的界面，❶选中相应的复选框；❷输入手机号和验证码；❸点击"登录"按钮，如图1-3所示，稍等片刻，用户即可使用手机号和验证码进行登录。除此之外，用户还可以使用微信进行登录。

图 1-1　点击安装按钮  　　　　图 1-2　点击"同意"按钮 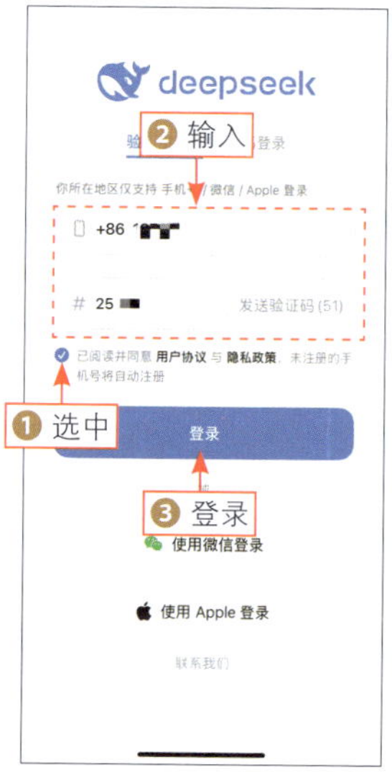　　　　图 1-3　点击"登录"按钮

步骤04 完成登录后，默认进"新对话"界面，其组成如图1-4所示。

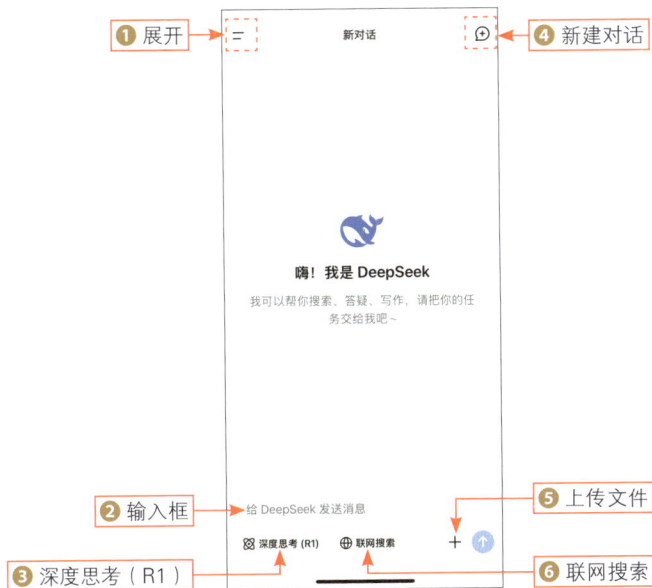

图 1-4　DeepSeek"新对话"界面的组成

下面对DeepSeek"新对话"界面中的各主要部分进行相关讲解。

❶ 展开≡：点击该按钮，即可展开最近7天内的对话记录和用户信息。

❷ 输入框：用户可以在这里输入提示词，以获得DeepSeek的回复。

❸ 深度思考（R1）：点击该按钮，打开"深度思考（R1）"模式，当用户向DeepSeek提问时，可以观察如何逐步分析并解答问题，有助于增加答案的透明度和可信度。

❹ 新建对话⊕：点击该按钮，会新建一个对话，用户可以与AI讨论新的话题或让AI重新对上一个话题进行回复。

❺ 上传文件＋：点击该按钮，会弹出相应的面板。用户可以点击"拍照识文字""图片识文字""文件"按钮，要求DeepSeek识别出其中的文字信息。

❻ 联网搜索：点击该按钮，即可打开"联网搜索"模式，在此状态下，DeepSeek能够实时搜索信息，快速整合并给出详尽的回答，同时提供信息来源，确保对话的丰富性和准确性。

1.1.2　生成相关回复

　　用户在提示词中可以给DeepSeek提供一些示例和引导，从而帮助DeepSeek更好地理解自己的需求。例如，用户可以提供一些相关的话

扫码看教学视频

3

题、关键词或短语，或者描述一个场景，以便DeepSeek能够准确捕捉自己的意图并生成符合要求的内容，相关案例如下。

提示词

请将以下简短情节扩展为一篇600字以内的悬疑微电影剧本，要求情节紧凑、悬疑元素丰富、角色鲜明，并在结尾处设置一个意想不到的转折。

情节：然然，一位生活在新疆的少女，自幼便能与羊群交流。一天，她发现羊都不见了，而这一切似乎与一个旅客有关。

deepseek

羊去哪儿了

在新疆广袤无垠的大草原上，生活着一位名叫然然的少女。她宛如大自然的精灵，自小就拥有一项神奇的能力——能与动物们交流。在这片草原上，她与每一只动物都亲如家人，动物们的喜怒哀乐，她都能感同身受。

然而，平静的生活突然被打破。一天清晨，当然然像往常一样走向羊圈时，眼前的景象让她瞬间呆立在原地。羊圈里空荡荡的，所有的羊都不见了！

......

首先，提示词的起点设定清晰且引人入胜，通过描述"然然，一位生活在新疆的少女，自幼便能与动物们交流"，构建了一个既神秘又贴近自然的角色背景，使得读者能够迅速代入并产生浓厚兴趣。然然的特殊能力，即与动物交流，不仅为该角色增添了独特的魅力，也为后续的故事发展埋下了伏笔。

其次，提示词巧妙地引入了悬疑元素，如"一天，她发现羊都不见了，而这一切似乎与一个旅客有关"这一设定，不仅为故事增添了悬疑色彩，激发了读者对后续情节的猜测和想象。

再次，提示词明确提出了创作要求，包括"情节紧凑、悬疑元素丰富、角色鲜明，并在结尾处设置一个意想不到的转折"。这些要求既是对内容的规范，也是对DeepSeek创意的激发。它们促使DeepSeek在扩写时，不仅要注重情节的连贯性和逻辑性，还要深入挖掘角色的内心世界，塑造鲜明的角色形象，并巧妙设置悬念和转折，以确保故事既引人入胜又充满惊喜。

最后，提示词留有足够的创作空间。虽然给出了基本框架和情节线索，但并未限定具体的情节走向、角色命运或故事结局。这种开放式的设定给了DeepSeek极大的自由去构建故事世界、塑造角色的性格，以及设计情节转折，从而激发出更加丰富多样的创意火花。DeepSeek可以根据自己的理解和能力，为然然设计不同的情节，为故事增添独特的色彩和深度。

1.1.3 "深度思考"功能的应用

扫码看教学视频

在DeepSeek中，用户可以开启"深度思考"功能，让DeepSeek深度分析提示词并以文字的形式回复。下面介绍应用"深度思考"功能的操作方法。

步骤 01 在DeepSeek的"新对话"界面中，点击左下角的"深度思考（R1）"按钮，当图标变成蓝色后，即可开启"深度思考"模式，如图1-5所示。

步骤 02 在下方的输入框中，输入相应的提示词，如图1-6所示。

步骤 03 点击发送按钮 ⬆，DeepSeek在生成内容的同时，会自动进行深度分析，如图1-7所示。

步骤 04 完成内容的生成后，可以看到内容已展示在对话框中，如图1-8所示。

图 1-5　点击"深度思考（R1）"按钮

图 1-6　输入相应的提示词

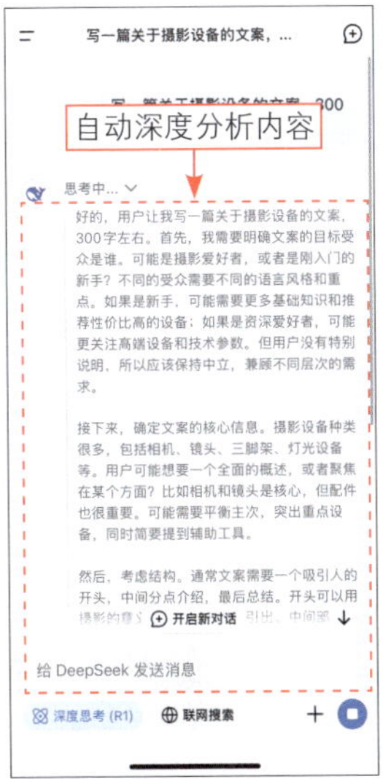

图 1-7　自动进行深度分析

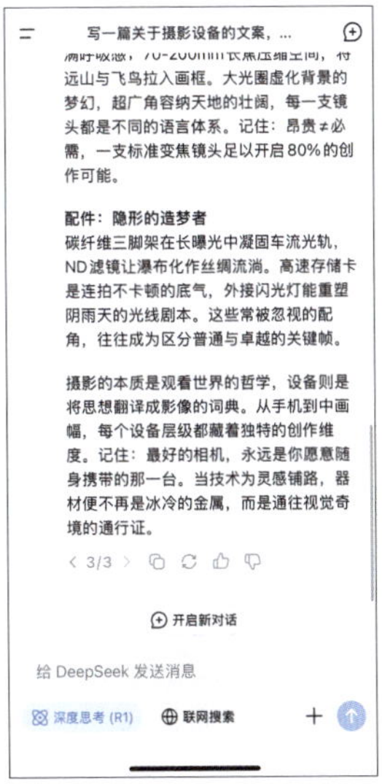

图 1-8　内容已展示在对话框中

步骤 05 下面是对应的提示词及DeepSeek生成的内容。

📷 **提示词**

写一篇关于摄影设备的文案，300字。

deepseek

摄影设备：定格世界的魔法工具箱

每一张令人屏息的照片背后，都有一双发现美的眼睛，以及一套精准捕捉光影的创作伙伴。摄影设备如同现代光影雕刻师的刻刀，在技术与人性的交汇处，赋予瞬间永恒的生命力。

机身：视觉故事的起点

全画幅相机以更大的传感器容纳更多光线，让夜景如星河般细腻；轻便的微单打破传统单反的笨重标签，让街头随拍更自由。无论是每秒20张高速连拍的体育机型，还是搭载五轴防抖功能的旅行伴侣，核心在于匹配你的创作场景——记录生活不必追求参数溢出，但专业创作需要可靠的技术托底。

……

1.1.4 "联网搜索"功能的应用

DeepSeek的"联网搜索"功能是其强大的功能之一，基于先进的RAG（检索增强生成）技术，能够实时连接互联网，快速检索并整合最新信息。下面介绍应用"联网搜索"功能的操作方法。

扫码看教学视频

步骤 01 在DeepSeek的"新对话"界面中，点击界面下方的"联网搜索"按钮，当图标变成蓝色后，即可开启"联网搜索"模式，如图1-9所示。

步骤 02 执行操作后，在下方的输入框中，输入相应的提示词，如图1-10所示。

步骤 03 点击发送按钮↑，DeepSeek在生成内容的同时，会自动联网搜索内容，如图1-11所示。

步骤 04 内容生成完成后，可以看到内容已展示在对话框

图 1-9　点击"联网搜索"按钮

图 1-10　输入相应的提示词

中，如图1-12所示。

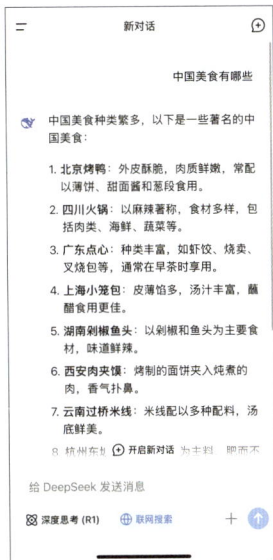

图 1-11　会自动联网搜索内容

图 1-12　自动发送提示词

步骤 05 下面是对应的提示词及DeepSeek生成的内容。

提示词

中国美食有哪些。

deepseek

中国美食种类繁多，以下是一些著名的中国美食。

1.北京烤鸭：外皮酥脆，肉质鲜嫩，常配以薄饼、甜面酱和葱段食用。

2.四川火锅：以麻辣著称，食材多样，包括肉类、海鲜、蔬菜等。

3.广东点心：种类丰富，如虾饺、烧卖、叉烧包等，通常在早茶时享用。

4.上海小笼包：皮薄馅多，汤汁丰富，蘸醋食用更佳。

5.湖南剁椒鱼头：以剁椒和鱼头为主要食材，味道鲜辣。

……

1.2　文案生成策略

在内容创作中，文案的质量往往决定了作品的吸引力和传播力。DeepSeek提供了一系列高效且灵活的文案生成策略，帮助用户根据不同的需求快速产出高质量文案。以下是几种常见的文案生成策略。

1.2.1　简洁明了提问

用户使用简单明了的提示词，能助力AI更快速地理解指令意图。表述清晰、简洁的提示词，可减少AI解析时的误差，让它精准把握用户的需求。比如，若期望DeepSeek创作一篇围绕特定主题的文章，则需事先确定文章的主题内容、期望的字数范围，以及所需的写作风格等具体要求，相关案例如下。

扫码看教学视频

💬 **提示词**

以"有没有去过什么特别的地方旅行"为主题，写一篇科普文章，要求：不超过500字，写作风格为专业又风趣。

deepseek

探秘特别旅行地：别样的世界，非凡的体验

你是否想过，在常规旅行目的地之外，还有许多特别的地方等待我们去探索？今天，就带大家走进这些独特的旅行胜地。

先来到位于埃塞俄比亚的达纳基尔凹地，这里被称为"地球上最像火星的地方"。

……

通过提供清晰的提示词，可以确保DeepSeek生成满足用户需求的高质量内容，减少错误和偏差。当然，要做到这一点，需要注意提示词的准确性和详细性，目标应该清晰明确，涵盖用户希望生成的内容的主题和要点。

1.2.2　精准细化问题

DeepSeek通过用户提供的精准细化提示词来生成内容时，能够识别并理解这些经过深思熟虑、具体明确的提示词，从而生成与用户期望高度匹配的内容。这种机制确保了DeepSeek回复的准确性和相关性，提升了用户的创作效率和满意度，相关案例如下。

扫码看教学视频

💬 **提示词**

主题：智能办公有哪些好处。

结构：引言、智能办公给人们的工作带来哪些好处、结论。

deepseek

智能办公：开启高效工作新时代

在科技飞速发展的当下，智能办公已逐渐走进我们的工作日常。你是否好奇，它究竟能为我们的工作带来哪些惊喜？

……

　　精心构思提示词的内容，可以更好地激发DeepSeek的创造力，使其生成更高质量的文案内容。在实际使用中，用户可以根据不同的需求和场景，灵活调整提示词的内容，以达到最佳的生成效果。

1.2.3　角色代入问题

　　用户可以用明确具体的身份向DeepSeek提出需求，比如"我是一名作家，我想写一篇关于日常刑事案件的小说，帮我写个思路"，而不是过于宽泛的"帮我写一篇小说的思路"，相关案例如下。

扫码看教学视频

提示词

我是一名记者，我明天想采访一位作者，帮我查找一下作者会喜欢什么？

deepseek

作为一名记者，了解被采访对象的兴趣和偏好可以更好地准备问题，使采访更加顺利和深入。以下是一些作者可能喜欢的主题和问题方向，供你参考。

1.创作灵感与过程

作者通常对自己的创作过程非常感兴趣，尤其是灵感的来源、写作习惯，以及如何克服创作中的困难。

你可以问："您的作品灵感通常来自哪里？有没有特别的写作习惯或仪式？"

2.作品背后的故事

作者可能会喜欢讨论他们作品中的主题、人物塑造、情节设计等。

你可以问："您作品中某个角色的塑造是否有现实原型？您是如何决定故事的发展方向的？"

3.文学影响与阅读习惯

……

1.2.4　指定格式要求

　　DeepSeek支持用户指定生成内容的格式要求。无论是报告、文章还是其他文档，用户只需明确所需格式，如字体、字号、段落结构等，DeepSeek便能根据这些具体要求，智能生成符合规范的高质量内容，满足用户的多样化需求，相关案例如下。

扫码看教学视频

提示词

请分别总结出5个线上教学课程的优缺点，先介绍优点，再介绍缺点，并用"优点一""缺点一"的格式进行输出。

deepseek

我将从学习的便利性、资源的丰富度、互动性等方面分析线上教学课程的优缺点，以"优点一""缺点一"这样的格式清晰呈现。

优点一：学习时间灵活，学员可根据自身日程安排随时开启学习，不受传统固定授课时间的限制，能充分利用碎片化时间。

优点二：学习地点自由，只要有网络连接，无论是在家中、办公室还是在户外，都能参与课程学习，打破了地域局限。

优点三：课程资源丰富，涵盖各类学科、各种难度层级，学员可以轻松找到符合自己需求和兴趣的内容，满足多元化学习需求。

……

这个提示词展现了高度的条理性和规范性。首先，通过"请分别总结出5个线上教学课程的优缺点"的指令，明确了内容的范围和数量要求，即需要全面而具体地分析线上教学课程的两面性，且每面均需涵盖5个要点。

其次，要求"先介绍优点，再介绍缺点"，确保了信息的逻辑性和可读性，让读者能够清晰地跟随用户的思路，先感受到线上教学课程的积极面，再理性地思考其存在的不足。

最后，采用"优点一""缺点一"的格式进行输出，不仅进一步强化了内容的条理性，还使得每一个要点都更加醒目和易于辨识。这种格式化的呈现方式，不仅便于DeepSeek组织思路，也便于读者快速捕捉关键信息，提高了信息的传递效率。

1.3　视频脚本生成

学会文案制作后，用户就能轻松想出新点子，写出好脚本，设计出精彩的视频脚本，还有吸引人的标题，让作品更出色。

1.3.1　影视解说脚本

DeepSeek是基于人工智能和深度学习技术的工具，能帮影视解说人员大幅提升制作解说脚本的效率。它可依据输入的影视信息，如剧情、人物和特点等，生成包含镜头景别、时长、台词、画面描述的脚本，还能提供创意，辅助用户快速产出优质的影视解说脚本，相关案例如下。

扫码看教学视频

提示词

以客观叙述为主，帮我写一篇影视解说脚本，600字。

deepseek

好的，以下是一篇以客观叙述为主的影视解说脚本范例，假设解说的影片为《肖申克的救赎》。

影视解说脚本：《肖申克的救赎》

《肖申克的救赎》是一部由弗兰克·德拉邦特执导，改编自斯蒂芬·金小说的经典电影。影片以20世纪40年代的美国为背景，讲述了一位无辜银行家安迪·杜佛兰在肖申克监狱中的生存与救赎之路。

影片开篇，安迪因被错误指控谋杀妻子及其情人而被判处终身监禁，送往肖申克监狱。初入监狱的安迪沉默寡言，与其他囚犯格格不入。然而，他凭借冷静的头脑和坚韧的意志，逐渐在监狱中找到了自己的生存之道。他结识了监狱中的"权威人物"瑞德，一个能够搞到任何物品的囚犯。两人从最初的交易关系，逐渐发展为具有深厚的友谊。

......

1.3.2　情景短剧脚本

扫码看教学视频

　　DeepSeek是强大的开源大语言模型，用来创作情景短剧脚本时，它能根据简单构思，如剧情主题、角色设定等，快速生成包含场景、台词、人物动作神态的详细脚本，还能给出镜头运用、节奏把控建议，为用户提供丰富的创意和高效的创作路径，相关案例如下。

📄 提示词

根据主题"火锅店探店"，写一个抖音短视频脚本，要体现火锅的麻辣，让顾客感觉很好吃的样子，600字。

deepseek

抖音短视频脚本：火锅店探店——麻辣诱惑

[开场画面]

（镜头从火锅店门头缓缓推进，店名特写，背景音乐轻快）

旁白（热情洋溢）：

"今天带大家打卡一家超火的火锅店！听说这里的麻辣锅底让人一口上头。走，跟我一起去尝尝！"

[场景1：店内环境]

（镜头扫过店内环境，热闹的氛围，顾客围坐着吃火锅，热气腾腾）

旁白：

......

1.3.3　知识科普脚本

扫码看教学视频

知识科普脚本是传播知识的关键蓝图。它以清晰的逻辑架构，梳理复杂的知识，将知识点拆解为生动易懂的台词、画面，搭配直观的演示及案例解析，让观众快速理解。涵盖多领域内容，是科普用户、教育者传播知识、启发思考的得力工具，相关案例如下。

📷 提示词

你是一名专业的冒险博主，正在写一个关于攀岩视频的脚本，场景发生在冰川，脚本中需要包括当下短视频的热门元素，开篇5秒迅速吸引人的眼球，中间有反转，结尾有惊喜，是一份知识科普脚本。

deepseek

（开篇5秒，震撼画面＋悬念）
（画面）冰川裂缝深不见底，寒风呼啸，镜头快速拉近，一位攀岩者悬挂在冰壁上，摇摇欲坠！
（画外音，紧张）"救命！我的冰镐脱手了！"
（转场，轻松音乐）
……

1.3.4　哲理口播脚本

扫码看教学视频

哲理口播脚本是一种蕴含深刻哲理思考的音频内容脚本。它结合精练的语言与富有启发性的思想，旨在通过声音传递人生智慧、道德观念或宇宙真理。

这类脚本强调内容的深度与广度，要求主播以沉稳、富有磁性的语调，将抽象的哲理具象化，引领听众进行心灵的探索与思考，从而达到启迪智慧、抚慰心灵的效果，相关案例如下。

📷 提示词

请以主题为"智慧火花碰撞"的标题，写一篇关于哲理口播视频的脚本文案，要求：1.突出受众痛点；2.能够快速吸引人眼球，并使受众产生观看视频内容的兴趣。

deepseek

标题："智慧火花碰撞：解锁你思维的死角，让灵感照亮未来！"
开篇（0～5秒）：
（画面）

快速切换镜头：一个人皱眉思考，书本堆积如山，电脑屏幕上的笔记混乱，时钟飞速转动。

（画外音，低沉）

"你是否也曾感到——思维被困在死角，灵感枯竭，生活像一团乱麻？"

（画面）

……

本章小结

本章首先深入介绍了DeepSeek的主要功能，包括生成相关回复、"深度思考功能"的应用，以及"联网搜索"功能的应用，为读者提供了全面的工具认知；接着详细阐述了文案生成的多种策略，如简洁明了提问、精准细化问题、角色代入问题和指定格式要求，助力用户高效产出优质文案；最后本章聚焦于视频脚本的生成，涵盖了影视解说、情景短剧、知识科普和哲理口播等多种脚本类型，为用户提供丰富的创作指导。

课后实训

鉴于本章知识的重要性，为了帮助读者更好地掌握所学知识，本节将通过课后习题，帮助读者进行简单的知识回顾和补充。

扫码看教学视频

请使用精准的提示词，在短剧故事结构上，对DeepSeek提问。

提示词

我需要你为我生成一个"成长之路领悟"的短剧故事，要包含开头设定、情节发展、高潮部分和结尾处理，条理要清晰，人物不超过6个，字数在600字左右。

deepseek

短剧故事：成长之路领悟

开头设定：

场景：一个普通的高中校园，主角小林（17岁）是一个成绩中等、性格内向的学生。他总觉得自己平平无奇，对未来充满迷茫。他的好友小美（17岁）性格开朗，成绩优异，是小林的青梅竹马。此外，还有严厉的班主任李老师、小林的父母，以及一位神秘的校外导师张先生。

背景：学校即将举办一场"未来规划大赛"，获奖者将获得一笔奖学金和一次与成功人士面对面交流的机会。小林对此毫无信心，但在小美的鼓励下，他决定试一试。

情节发展：

第一幕：迷茫与挑战

小林在课堂上被李老师点名，要求他谈谈自己对未来的规划。他支支吾吾，最后只说了一句："我不知道。"课后，小美找到他，鼓励他参加"未来规划大赛"，并告诉他："成长就是从'不知道'到'知道'的过程。"

……

第 2 章　豆包 App 的用法

　　随着豆包App技术的不断革新，视频文案创作迎来了全新变革。从精准捕捉热门主题，到智能化生成脚本，豆包以其卓越的功能引领了文案创作潮流。在豆包的助力下，用户能够轻松跨越传统界限，挖掘视频文案的无限可能，打造出既富有创意又极具吸引力的视频作品，用豆包App开启视频文案创作的新篇章。

2.1 豆包App的基础知识

豆包App作为一款集成了多项前沿技术的人工智能应用，汇聚了注册与登录的便捷性、创建对话的灵活性、聊天内容的快速检索、AI搜索的精准高效、AI写作的创意激发、AI生图的视觉创新，以及解题答疑的即时帮助等一系列强大功能。

2.1.1 注册豆包App

除了手动下载豆包App，用户还可以直接在手机应用商店（或应用市场）中搜索并下载该App，并一键将其安装到手机上，具体操作方法如下。

扫码看教学视频

步骤01 打开手机应用商店，点击顶部的搜索栏，在搜索栏中输入"豆包"，在搜索结果的相应App右侧点击安装按钮⬇，如图2-1所示，即可下载豆包App。

步骤02 安装完成后，点击"打开"按钮，如图2-2所示。

步骤03 执行操作后，即可打开豆包App，如图2-3所示。

图 2-1 点击安装按钮 ⬇

图 2-2 点击"打开"按钮

图 2-3 打开豆包 App

2.1.2 登录豆包App

安装并打开豆包App后，用户还需要登录才能体验该App的完整功能，下面介绍具体的操作方法。

扫码看教学视频

步骤01 打开豆包App后，弹出"欢迎使用豆包"对话框，点击"同意"按钮，如图2-4所示，即可进入豆包App。

步骤 02 进入登录界面，豆包App提供了抖音一键登录、手机号登录和通过Apple登录3种方式，以抖音一键登录为例，点击"抖音一键登录"按钮，弹出"服务协议及隐私保护"对话框，点击"同意"按钮，如图2-5所示。

步骤 03 进入抖音授权界面，点击"同意授权"按钮，如图2-6所示，执行操作后，即可使用抖音账号登录豆包App。

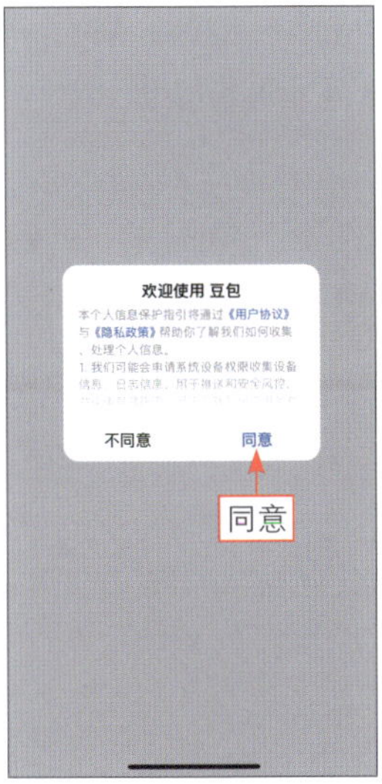

图 2-4 点击"同意"按钮 　　图 2-5 点击"同意"按钮 　　图 2-6 点击"同意授权"按钮

2.1.3 创建新对话

当用户和豆包App交流完一个话题后，若想探讨其他问题，可创建新对话，避免内容干扰，提高沟通效率，具体操作如下。

步骤 01 在豆包App的"对话"界面，❶点击右上角的⊕按钮；在弹出的列表框中，❷选择"创建新对话"选项，如图2-7所示。

步骤 02 执行操作后，即可创建一个新的对话，如图2-8所示。

扫码看教学视频

图 2-7 选择"创建新对话"选项

图 2-8 创建一个新的对话

2.1.4 AI写作

豆包App的"帮我写作"功能极其便捷高效，极大地提升了写作效率，非常实用，能够轻松驾驭多种文体与题材，创作出既丰富又符合用户需求的各类内容，如作文、宣传文案、论文、小说及日记等，满足用户在不同场景下的写作需求。下面介绍使用豆包App"帮我写作"功能的操作方法。

扫码看教学视频

步骤01 在豆包App的"新对话"界面，点击"帮我写作"按钮，弹出"帮我写作"面板，在"类型"下方选择"日记"选项，如图2-9所示，即可设置豆包App的写作类型。

步骤02 在"要求"选项区中，❶点击"长度"右侧的下三角按钮∨；❷在弹出的列表中，选择"长"选项，如图2-10所示，设置日记的字数长度。

步骤03 采用同样的方法，设置"语言"为"中文"，如图2-11所示，即可调整豆包App生成的语言效果。

图 2-9　选择"日记"选项　　图 2-10　选择"长"选项　　图 2-11　设置语言

步骤04 ❶在下方的输入框中输入相应的提示词；❷点击发送按钮⬆，如图2-12所示。

步骤05 执行操作后，即可将提示词发送给豆包，豆包会根据提示词和设置的各项要求，生成所需的内容，如图2-13所示。

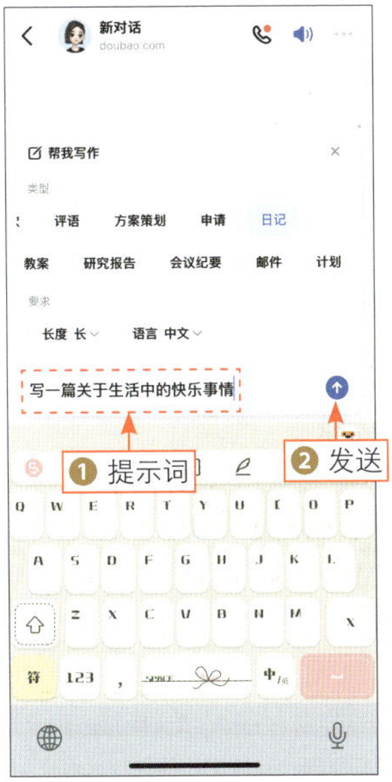

图2-12　点击发送按钮⬆

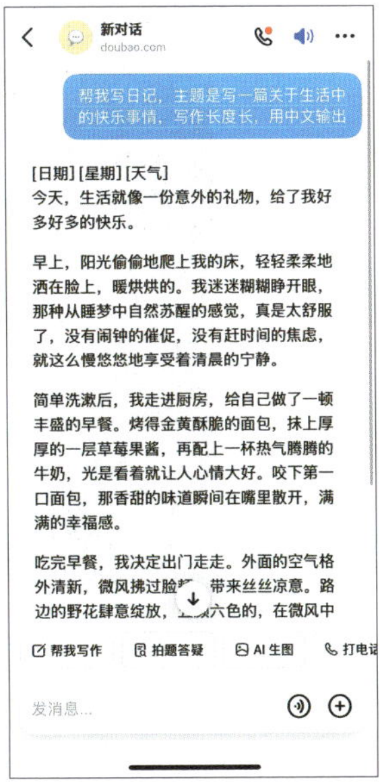

图2-13　生成所需的内容

步骤06 下面是相关提示词和回复内容如下。

提示词

帮我写日记，主题是写一篇关于生活中快乐的事情，写作长度长，用中文输出。

豆包

[日期] [星期] [天气]

今天，生活就像一份意外的礼物，给了我好多好多的快乐。

早上，阳光偷偷地爬上我的床，轻轻柔柔地洒在脸上，暖烘烘的。我迷迷糊糊睁开眼，那种从睡梦中自然苏醒的感觉，真是太舒服了，没有闹钟的催促，没有赶时间的焦虑，就这么慢悠悠地享受着清晨的宁静。

简单洗漱后，我走进厨房，给自己做了一顿丰盛的早餐。烤得金黄酥脆的面包，抹上厚厚的一层草莓果酱，再配上一杯热气腾腾的牛奶，光是看着就让人心情大好。咬下第一口面包，那香甜的味道瞬间在嘴里散开，满满的幸福感。

……

2.1.5　AI生图

豆包App的"AI生图"功能，支持文生图和图生图。用户可以通过输入文字描述或上传参考图，生成多种类型的图像，如插画、卡通、水墨及写真等，如图2-14所示。

扫码看教学视频

图 2-14　效果展示

下面介绍使用豆包App的"AI生图"功能的操作方法。

步骤01 在豆包App的"新对话"界面中，点击下方的"AI生图"按钮，进入相应的界面，❶选择"写真"模板；❷设置图像比例为9∶16；❸在输入框中输入相应的提示词，如图2-15所示。

步骤02 点击发送按钮⬆，豆包会生成4张精美的图像，如图2-16所示。

步骤03 点击相应的图像，即可放大预览图像效果，点击下方的"保存"按钮，如图2-17所示，将图像保存到手机相册中。

图 2-15　输入相应的提示词 　　图 2-16　生成 4 张精美的图像　　图 2-17　点击"保存"按钮

2.1.6　解题答疑

扫码看教学视频

豆包App的“拍照答疑”功能十分强大且便捷，无论是理科的数学、物理、化学题目，还是文科的语文阅读理解、历史分析等问题，都能进行解答。

豆包识别题目后，会以引导的形式分步骤呈现解析过程，帮助用户学会解题方法，理解题目背后的知识点。用户还可以针对学习过程中的问题进行追问，模拟一对一教师解答的过程，有助于提升学习效率和效果，下面介绍使用“拍题答疑”功能的操作方法。

步骤 01 在豆包App的“新对话”界面中，点击下方的“拍题答疑”按钮，豆包会自动调用手机相机，用户可以点击左下角的相册按钮，如图2-18所示。

步骤 02 进入“所有照片”界面，选择一张照片，如图2-19所示。

步骤 03 执行操作后，豆包会自动识别出照片中的题目，点击确认按钮☑，如图2-20所示。执行操作后，豆包会自动迅速给出答案，同时展示详细的解题步骤和解析内容。

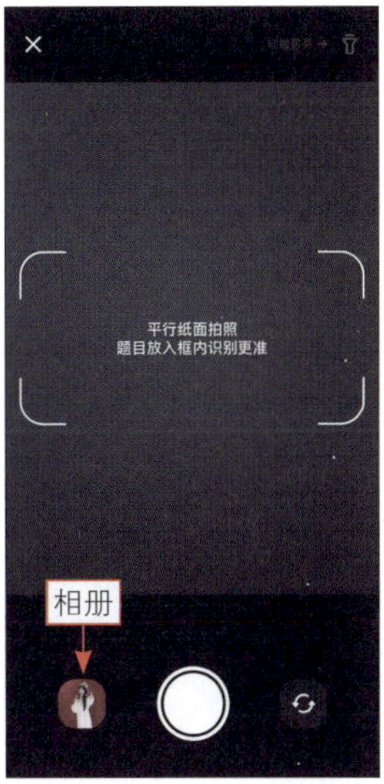

平行纸面拍照
题目放入框内识别更准
相册

图 2-18　点击相册按钮

所有照片
选择

图 2-19　选择相应的照片

已知a+2b+3c=12,
a²+b²+c²=ab+bc+ac,
则a+b²+c³=________
框选单题，识别更精准
确认

图 2-20　点击确认按钮☑

2.2　利用深度技巧编写提示词

当今是数字化时代，人工智能助理如豆包正逐渐成为人们日常工作中不可或缺的一部分。本节将探讨如何通过一系列深度技巧，编写出既高效又富有吸

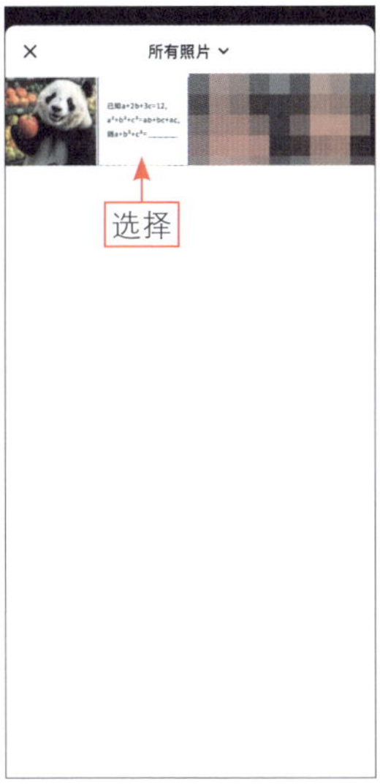

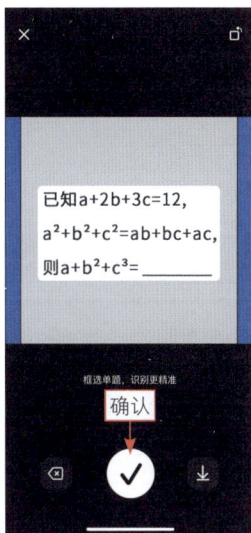

引力的豆包提示词，让它能够更好地理解用户的指令，提供更加个性化和精准的服务。

2.2.1 明确目标与意图

用户在输入提示词之前，首先要明确提示词的核心目标与意图，即你想要得到什么样的结果。例如，想要让豆包生成一篇关于某个主题的文章，就要明确文章的主题、字数及写作风格等要求。

扫码看教学视频

📘 提示词

以"人工智能在各行业领域中的应用"为主题，写一篇科普文章，要求：不超过500字，写作风格为专业。

👩 豆包

人工智能在各行业领域中的应用

人工智能（AI）作为当今科技领域的核心力量，正以前所未有的速度渗透到各个行业，深刻改变着人们的生产和生活方式。

在医疗行业，AI助力疾病诊断。通过对海量医疗影像数据的深度学习，AI系统能够快速且精准地识别病变，辅助医生做出更准确的诊断决策，提高诊断效率和准确性，为患者争取宝贵的治疗时间。

在金融领域，AI在风险评估与反欺诈方面发挥关键作用。

......

通过提供清晰的提示词，可以确保豆包生成满足我们需求的高质量内容，减少错误和偏差。当然，要做到这一点，需要注意提示词的准确性和详细性，目标应该清晰明确，涵盖我们希望生成的内容的主题和要点。

2.2.2 精心设计内容

在设计提示词的内容时，要追求质量而非数量，尽可能提供详细、准确及具有启发性的信息，以激发豆包的创造力。同时，还要避免提供过多的限制性信息，给豆包留下一定的自由发挥空间。

扫码看教学视频

📘 提示词

主题： 用AI写作有哪些好处，写20点。

结构： 引言、AI写作给人们的工作带来哪些好处、AI写作给人们的生活带来哪些好处、结论。

👤 **豆包**

用AI写作的好处

在数字化时代，AI写作已逐渐走进人们的生活和工作，为文字创作带来诸多便利。下面详细介绍AI写作的20个好处。

AI写作给人们的工作带来的好处

1.大幅提高写作速度，快速生成初稿，节省时间。

2.提供丰富的写作素材和创意启发，拓展写作思路。

3.保持语言风格的一致性，确保文档风格统一。

……

　　精心设计提示词的内容，可以更好地激发豆包的创造力，使其生成更高质量的文案内容。在实际使用中，用户可以根据不同的需求和场景，灵活调整提示词的内容，以达到最佳的生成效果。

2.2.3　自然语言理解

扫码看教学视频

　　自然语言是指人类日常使用的语言，包括口语和书面语。与计算机语言不同，自然语言是人类用来表述问题或需求的方式，几乎所有人都能轻松理解；而计算机语言则是人们为了与计算机进行交互而设计的特定语言，一般人是无法理解的。

　　在与豆包对话的过程中，用户要尽量使用自然语言来写提示词，避免使用过于复杂或专业的语言。豆包是基于自然语言处理的模型，使用自然语言写的提示词可以让豆包更好地理解用户的需求，并生成自然、流畅的回答。

💬 **提示词**

请帮我写5条有吸引力的商品标题文案，商品为[草莓蛋糕]。

👤 **豆包**

我将从突出草莓蛋糕的美味、独特口感、新鲜食材等方面，为你撰写5条有吸引力的商品标题，让草莓蛋糕更具吸引力。

1.一口沦陷！新鲜草莓邂逅松软蛋糕，甜蜜暴击来袭

2.限定美味：草莓蛋糕，咬下一口，满是春日浪漫

3.精选新鲜草莓，融入绵密蛋糕，每口都是自然的馈赠

4.草莓控必尝！层层草莓果肉，搭配细腻的蛋糕坯，舌尖狂欢

……

这个提示词通过自然语言的方式，呈现出了明确的任务指示、具体的商品限定、开放的创意激发、简洁的结构设计，以及良好的适应性和灵活性，有效地增强了豆包对任务的理解力，从而提高了生成内容的质量和效率。

用户输入的提示词要简洁明了，避免使用过多的词汇或语句。过多的修饰反而会让豆包抓不住重点，从而影响它生成的内容质量。

2.2.4　问题导向法

用户可以采用问题的形式，提出希望豆包回答或讨论的内容，如"什么是新媒体运营及其应用领域"。注意，问题要明确具体，不要太宽泛，避免像"告诉我关于新媒体运营的全部内容"这样过于开放的问题。另外，用户还可以使用"如何""为什么""什么"等提问词来构建提示词。

扫码看教学视频

提示词

为什么甜品那么让人入迷？

豆包

甜品令人着迷的原因

甜品之所以让人如此入迷，有着多方面的因素。

从味觉层面来看，甜品大多富含糖分，而糖分能刺激我们大脑中的奖赏系统，促使大脑分泌多巴胺。多巴胺作为一种神经递质，能给人带来愉悦感和满足感，就像草莓蛋糕那甜蜜的滋味，一口下去，味蕾瞬间被激活，甜蜜的味道在口腔中散开，这种愉悦的味觉刺激让人难以抗拒。

在心理方面，甜品往往承载着许多美好的回忆。

……

这个提示词的编写技巧在于其直接而明确地提出了一个核心问题——"为什么甜品那么让人入迷？"这种提问方式直接触及了受众的好奇心和求知欲，引导他们去思考并期待答案。

在此处应用问题导向法，不仅限定了讨论的范围和焦点，还能够促使豆包深入地剖析短视频吸引人的原因，从而提供精准、有针对性的回应。这样的提示词鼓励豆包从多个维度（如内容创新、视觉冲击力、情感共鸣、社交互动等）进行剖析，确保回应的全面性和深度。

同时，问题本身也隐含了对答案质量的期待，即希望得到的不仅仅是表面的、浅显的分析，而是豆包能够深入挖掘短视频魅力的根源，提供有见地、有深度的见解。因此，这种提示词写作技巧在引导豆包精准回应方面表现非常出色。

2.3　视频文案生成

掌握了豆包App的使用方法，接下来用户就可以利用豆包App来生成创意十足的短视频主题、脚本文案、分镜头脚本和标题，从而创作出吸引人的短视频内容。

2.3.1　策划热门主题

策划热门的短视频主题，关键在于捕捉时代热点、用户兴趣与情感共鸣。制作短视频的目的是吸引观众的注意力，传达信息和情感，因此用户首先要策划一个好的主题。下面介绍使用豆包App策划热门短视频主题的操作方法。

扫码看教学视频

步骤 **01** 在豆包App的文本框中输入相应的指令，点击发送按钮，便可以得到豆包生成的回复，相关指令和回复内容如下。

💬 提示词

帮我推荐20个热门短视频话题。

👩 豆包

以下是20个热门短视频话题。

1.30天改变自己挑战：可以是健身挑战、学习新技能挑战、养成良好习惯挑战等。

2.沉浸式生活：如沉浸式化妆、沉浸式学习、沉浸式做饭等，让观众感受专注的氛围。

3.办公室搞笑日常：展现工作中有趣的瞬间和同事间的逗趣互动。

4.宠物的奇葩行为：分享宠物做出的各种令人意想不到的可爱或搞笑举动。

5.DIY手工创意制作：比如自制饰品、手工礼物、家具翻新等内容。

6.小众旅行目的地推荐：介绍那些鲜为人知但风景优美、文化独特的旅行地点。

7.美食探店之隐藏小店：挖掘街头巷尾的宝藏美味小店。

8.复古风穿搭回归：展示不同年代的复古服装搭配，重现经典时尚。

9.亲子互动的温馨时刻：记录父母与孩子之间的有爱交流、游戏和温馨瞬间。

10.健身达人的一周训练计划：为健身爱好者提供专业的训练参考和激励。

11.心灵鸡汤与人生感悟：用温暖励志的话语给人们带来力量和安慰。

……

步骤 **02** 让豆包在"短视频话题"这个大的类目下，列出一些热门的视频主题，相关指令和回复内容如下。

提示词

关于"美食攻略"，给我10个视频主题建议。

豆包

从美食制作、探店测评等角度，为你生成10个美食攻略的视频主题。

1.《跟着博主学做各地特色美食，一周不重样》：展示博主一周内制作不同地域特色美食的过程，从食材挑选到烹饪技巧全揭秘。

2.《新手小白必看！简单易上手的甜品制作攻略》：针对新手，分享步骤简单、成功率高的甜品制作方法，解决新手做甜品的难题。

3.《100元吃遍美食街，最值得打卡的小吃都在这》：博主带100元在美食街探店，测评并推荐性价比高、值得一试的小吃。

......

2.3.2 具体脚本

在短视频内容创作领域，确定一个吸引人的主题是至关重要的第一步。一旦确定主题，用户便可以利用豆包App来生成详细的脚本内容。

扫码看教学视频

豆包App能够根据用户提供的主题，结合当前的流行趋势、目标受众的兴趣点及创意元素，自动生成内容丰富、结构完整的脚本。这不仅大大提升了创作效率，还能确保视频内容的新颖性和吸引力，相关案例如下。

提示词

根据主题"云南自驾游"，写一个抖音短视频脚本，语气：分享人口吻、惊喜、轻松。

豆包

围绕"云南自驾游"，以分享、惊喜、轻松的语气创作脚本，从出发准备、沿途美景、特色美食等方面展示自驾游的乐趣。

......

2.3.3 分镜头脚本

分镜头脚本是用来描述短视频中每一个镜头的内容和细节的文稿，通常包含标题、场景描述、景别、运镜、台词或对白、道具、节奏和节拍等要素。

扫码看教学视频

用户在豆包App中生成分镜头脚本时，可以根据具体的需求来安排这些要素，相关案例如下。

💬 **提示词**

你是一名专业的短视频拍摄博主，正在写一个关于蛋糕店探店视频的脚本，场景是长沙的一个蛋糕店内，脚本中需要包括当下短视频的热门元素，开篇5s迅速吸引人的眼球，中间有反转，结尾有惊喜，脚本中要包括分镜序号和景别（中、近、远、特写等镜头）。

👤 **豆包**

我将从独特的开篇设计、巧妙的反转情节及惊喜的结尾出发，融入热门元素，为你创作一个蛋糕店探店短视频脚本。

……

本章小结

本章详尽地介绍了豆包App的多项功能，包括注册与登录、创建对话、AI搜索与写作等核心板块。随后，深入讲解了文案写作技巧，强调了明确目标、精心设计内容及运用自然语言的重要性。最后，特别聚焦于生成视频文案的流程，从策划热门主题到生成具体脚本及分镜头脚本，为读者提供了全面的指导和参考。

课后实训

以下是精心设计的课后实训项目，旨在通过实践加深读者对知识点的理解和记忆。请认真参与每项练习，以实现知识的内化和应用。

扫码看教学视频

除了策划主题和生成脚本，豆包App还可以用来生成短视频标题。短视频标题是短视频内容的"门面"，它在吸引观众、传达信息和提升视频传播效果方面发挥着至关重要的作用。一个吸引人的标题能够迅速抓住观众的眼球，激发他们的好奇心，促使他们点击观看，从而在社交媒体上获得更广泛的传播，相关案例如下。

💬 **提示词**

提供20个主题为"办公好物分享"的短视频标题文案，要求：1. 突出受众痛点；2. 能够快速吸引人眼球，并使受众产生观看视频内容的兴趣。

豆包

从上班族常遇到的效率低下、身体不适等痛点出发，为你构思了下面这些标题，快速抓住观众的注意力。

1. 久坐打工人必看！这些好物拯救你的老腰

2. 办公效率低？这几件好物让你轻松逆袭

3. 别再瞎忙了！这些办公好物助你高效"摸鱼"

4. 打工人看过来！拯救你的办公"特困症"

5. 办公好物推荐！让你告别手忙脚乱

6. 每天累到崩溃？这些好物帮你回血

7. 打工人必入！告别办公噪声的神器

8. 办公时眼睛酸涩？这些好物来救场

9. 你还在被杂乱的桌面困扰？快试试这些好物

10. 告别颈椎酸痛！这些办公好物快码住

11. 上班总犯困？这些好物让你瞬间清醒

......

【剪映篇】

第 3 章　剪映入门

本章开启剪映学习之旅，将逐步揭示其剪辑的魅力。本章介绍剪映的核心竞争力，对比不同版本的特点，并介绍云盘功能带来的便捷。随后，将介绍下载与安装流程，确保用户能够快速开始创作。最终，通过界面与功能的全面介绍，为用户开启创意剪辑之门。

3.1 了解剪映

本节任务是带领大家认识剪映这款视频编辑软件。包括剪映在短视频剪辑方面的优势、对比分析手机版与电脑版的功能差异，以及利用剪映云盘实现多设备同步编辑功能，为视频编辑提供全面支持。

3.1.1 剪映剪辑短视频的优势

剪映作为一款专为短视频创作者打造的编辑工具，以简洁直观的界面让初学者也能迅速掌握，丰富的视频效果提升了作品的专业度，强大的音频编辑功能增添了视频的情感深度，实时预览功能加快了编辑进程，而高清视频导出则确保了作品在分享或展示时的卓越画质，如图3-1所示。

扫码看教学视频

图 3-1　剪映界面图

剪映集成了多种实用功能，包括导航栏、功能区和草稿箱等，旨在提升用户的创作体验。下面介绍剪映具备的多项显著功能。

❶ 导航栏：剪映的导航栏设计让用户能够便捷地定位到所需功能区，例如"首页""模板""我的云空间""小组云空间""热门活动"等，确保用户操作的流畅性和效率。

❷ 功能区：剪映的功能区包括"开始创作""视频翻译""AI口播创作""智能裁剪""图文成片"等功能，为用户提供了全面的编辑选项。

❸ 草稿箱：剪映的草稿箱是用户保存和整理编辑的视频项目的安全空间，方便随时继续创作和修改。

3.1.2　剪映手机版与电脑版的区别

在掌握使用剪映剪辑短视频的优势后，下面将对比分析剪映手机版与电脑版的功能差异，帮助用户根据具体需求选择合适的编辑工具，从而实现更高效、更灵活的视频创作体验。

（1）手机版

① 便携性与即时性：剪映手机版具有轻便、易携带的特点，非常适合在外出或移动环境下进行快速剪辑和即时分享。其触控界面直观友好，使得操作简单、快捷。

② 基础编辑功能：尽管功能相对精简，但手机版依然覆盖了基本的视频剪辑需求，如剪辑、拼接、添加滤镜和音乐等，满足日常快速编辑的需要。

（2）电脑版

① 专业性与全面性：剪映电脑版则提供了更为全面和专业的编辑功能，包括高级调色、多层轨道编辑及复杂的特效处理等，适合对视频质量有较高要求的创作者。

② 性能优势：得益于电脑更大的屏幕和更强大的处理能力，电脑版支持更高分辨率的视频编辑，预览和导出速度更快，适合长时间编辑和精细调整。

两者均通过云盘功能实现多设备间的无缝切换和同步编辑，为用户提供灵活、高效的视频创作体验。

3.1.3　剪映多设备同步编辑的云盘功能

深入了解剪映的便捷功能，不得不提的是其强大的云盘同步机制。下面将介绍剪映如何通过云盘实现多设备间的无缝同步编辑，学习这一功能如何提升视频创作的灵活性和团队协作效率。

剪映的云盘是其跨平台协作的一大亮点，它允许用户在不同设备间无缝切换编辑工作，极大地提升了视频创作的灵活性和效率。

① 多设备同步：通过剪映的云盘，用户可以轻松地将项目文件从手机同步到电脑，或从电脑同步到手机，确保在不同设备上都能继续之前的编辑工作，无须担心数据丢失或重复劳动。

② 实时更新：云盘功能支持实时同步，无论在哪个设备上做出的编辑更

改，都会立即反映在云端和其他同步设备上，确保创作的一致性和连续性。

③ 灵活协作：对于团队合作的项目，云盘功能也提供了极大的便利。团队可以各自在不同的设备上编辑同一项目，所有更改都会实时同步到云端，促进高效协作。

④ 空间管理：剪映云盘还提供了一定的存储空间，用户可以根据需要上传和管理自己的视频素材和编辑项目，方便随时取用和编辑。

综上所述，剪映的云盘不仅增强了跨设备编辑的灵活性，也为团队协作提供了有力的支持，是用户不可或缺的工具之一。

下面介绍使用剪映多设备同步编辑的云盘功能的具体步骤。

步骤 01 在电脑中打开剪映电脑版，登录并进入剪映电脑版，在要备份的项目右下角单击 ■ 按钮，在弹出的列表中选择"上传"选项，如图3-2所示。

图 3-2　选择"上传"选项

步骤 02 在弹出的面板中，❶选择对应的文件夹；❷单击"上传到此"按钮，如图3-3所示，即可将选择的项目上传。

步骤 03 将项目备份至云端后，单击"我的云空间"按钮，如图3-4所示，弹出相应的界面，用户可选择上传的文件夹，查看上传的项目，这里自动进入刚刚选择的文件夹。

步骤 04 在手机上打开剪映App，登录同一个抖音账号，在主界面点击"剪映云"按钮，如图3-5所示，进入"云空间"界面，可以看见之前备份好的视频项目。

图 3-3　单击"上传到此"按钮

图 3-4　单击"我的云空间"按钮

步骤 05 选择"我的云空间"选项，进入对应界面，选择合适的选项，在进入的界面中会显示上传至云空间的项目，点击对应项目下方的"下载"按钮，在界面下方弹出"已添加至下载列表"面板，如图3-6所示，表示将项目文件下载到剪映手机版中。

步骤 06 返回主界面后，可以看到该项目显示在"剪辑"选项卡中，如图3-7所示，点击项目缩略图，即可打开视频编辑界面，在手机端继续进行后期编辑。

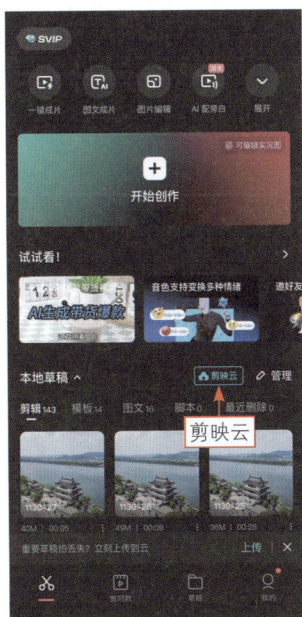

图 3-5　点击"剪映云"按钮

图 3-6　弹出相应的面板

图 3-7　项目显示在"剪辑"选项卡中

3.2 下载并安装剪映

掌握了剪映的基础知识与优势后，接下来将介绍如何将使用剪映进行日常创作。无论是在手机中还是在电脑中，安装过程简洁明了，确保每位用户都能便捷地迈入视频编辑的新世界，快速开启个性化的创作旅程。

3.2.1 手机版的下载与安装

接下来详细介绍剪映手机版的安装过程，确保用户能够顺利地将这款功能强大的视频编辑工具安装到手机设备上，为接下来的视频创作之旅铺平道路。下面介绍下载和安装剪映手机版的操作方法。

扫码看教学视频

步骤 01 在手机中打开应用市场App，在搜索栏中输入并搜索"剪映"，如图3-8所示，在搜索结果中，点击剪映右侧的"安装"按钮。

步骤 02 稍等片刻，下载并安装成功之后，点击"打开"按钮，如图3-9所示。

步骤 03 进入剪映手机版，点击"抖音登录"按钮，稍等片刻，弹出相应的界面，在左上方显示抖音头像，如图3-10所示，表示登录成功。

| 图 3-8　输入并搜索"剪映" | 图 3-9　点击"打开"按钮 | 图 3-10　显示抖音头像 |

3.2.2 电脑版的下载与安装

了解手机版的下载与安装之后，下面将转向电脑端，介绍剪映电脑版的下载与安装步骤。这一过程旨在为用户提供一个高效、直

扫码看教学视频

观的编辑平台，以便在更广阔的屏幕上释放创意。下面介绍下载和安装剪映电脑版的操作方法。

步骤01 在电脑自带的浏览器中搜索并打开剪映官网，在页面中单击"立即下载"按钮，如图3-11所示。

步骤02 弹出"新建下载任务"对话框，单击"直接打开"按钮，如图3-12所示，即可开始安装剪映电脑版。

图 3-11 单击"立即下载"按钮

图 3-12 单击"直接打开"按钮

步骤03 下载并安装成功之后，进入剪映电脑版首页，单击左上方的"点击登录账户"按钮，如图3-13所示。

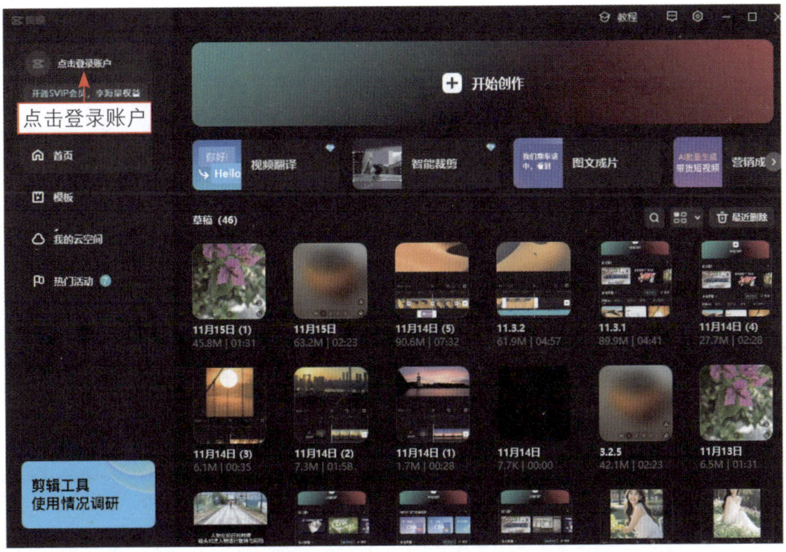

图 3-13 单击"点击登录账户"按钮

步骤04 弹出"登录"对话框，电脑版有两种登录方式，❶用户可以选中相应的复选框；❷单击"通过抖音登录"按钮，如图3-14所示，登录剪映账号。

步骤05 返回首页，在左上方显示抖音头像，如图3-15所示，表示登录成功。

图 3-14 单击"通过抖音登录"按钮

图 3-15 显示抖音头像

3.3 熟悉剪映界面与核心功能

用户在使用剪映进行短视频剪辑之前，要先了解剪映的界面和工具栏，方便快速上手。本节将带大家认识剪映手机版与电脑版的界面和工具栏。

3.3.1 剪映手机版的界面与功能

从基础操作到深入探索，接下来将聚焦于剪映手机版的界面布局与功能特性。通过细致解读，揭示如何高效地利用各项工具，以实现流畅的视频编辑体验。下面介绍剪映手机版的界面和工具栏。

扫码看教学视频

步骤01 打开剪映手机版，进入"剪辑"界面，如图3-16所示。

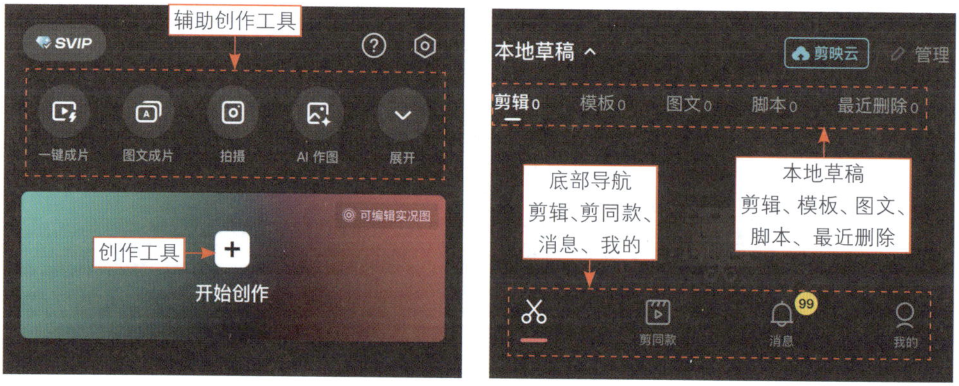

图 3-16 "剪辑"界面

步骤02 点击"剪同款"按钮，进入相应的界面，"剪同款"界面中包含各种各样的模板，用户可以根据分类选择合适的模板进行套用，也可以搜索自己想要的模板进行套用，如图3-17所示。

步骤03 点击"消息"按钮，进入"消息"界面，在其中可查看官方的通知和消息、粉丝的评论及点赞提示等，如图3-18所示。

图 3-17　点击"剪同款"按钮

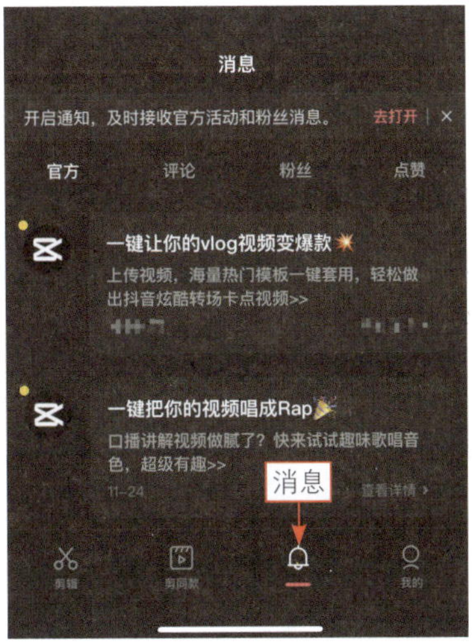

图 3-18　点击"消息"按钮

步骤04 点击"我的"按钮，进入"我的"界面，在其中展示了个人资料及收藏的模板，如图3-19所示。

步骤05 返回"剪辑"界面，点击"开始创作"按钮，如图3-20所示。

图 3-19　点击"我的"按钮

图 3-20　点击"开始创作"按钮

步骤 06 进入"最近项目"界面，❶在"视频"选项卡中，可以选择相应的视频素材；❷在"照片"选项卡中，可以选择相应的照片素材，如图3-21所示。

图 3-21　选择相应的视频素材或照片素材

步骤 07 点击"添加"按钮，即可成功导入相应的照片或视频素材，并进入编辑界面，如图3-22所示。预览区域左下角的时间，表示当前时长和视频的总时长。点击预览区域右下角的■按钮，可全屏预览视频效果。点击▶按钮，即可播放视频。

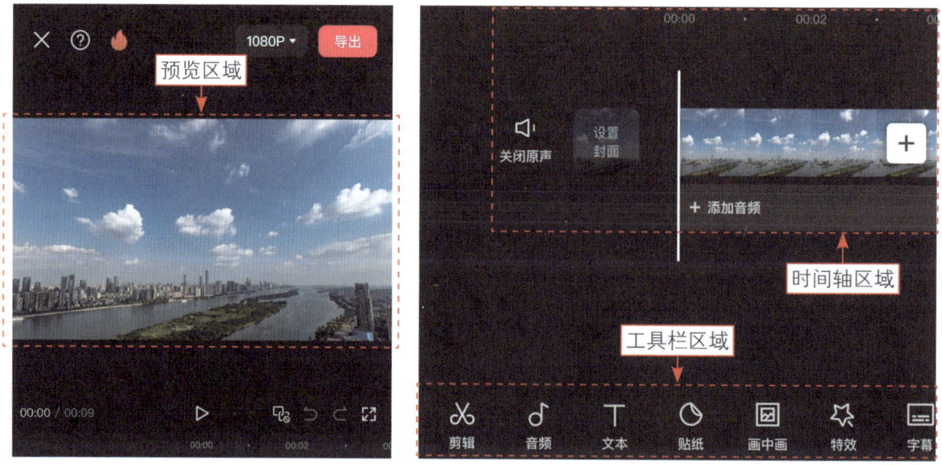

图 3-22　编辑界面

步骤 08 用户在进行视频编辑操作后，❶点击预览区域右下角的撤回按钮 ↶，即可撤销上一步操作；❷点击恢复按钮 ↷，即可恢复上一步操作，如图3-23所示。

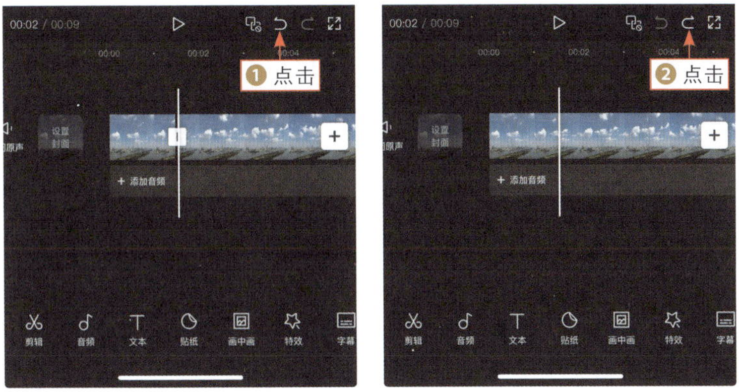

图 3-23　点击相应的按钮

3.3.2　剪映电脑版的界面与功能

剪映电脑版是由抖音官方出品的一款视频剪辑软件，拥有清晰的操作界面，强大的面板功能，同时延续了手机版全能易用的操作风格，非常适用于各种专业的剪辑场景。下面介绍剪映电脑版的界面组成，如图3-24所示。

扫码看教学视频

图 3-24　剪映电脑版界面

❶ 功能区：功能区中包括剪映的"媒体""音频""文本""贴纸""特效""转场""字幕""滤镜""调节""模板""数字人"这11大功能模块。

❷ "播放器"面板：在"播放器"面板中，单击"播放"按钮▶，即可在预览窗口中播放视频；单击"比例"按钮，在弹出的列表中选择相应的画布尺寸比例，可以调整视频的画面尺寸大小。

❸ 操作区：操作区中提供了画面、变速、动画、调节及AI（Artificial Intelligence，人工智能）效果等调整功能，当用户选择轨道上的素材后，操作区就会显示各调整功能。

❹ 时间轴面板：该面板提供了选择、撤销、恢复、分割、删除、添加标记、定格、倒放、镜像、旋转及调整大小等常用剪辑功能，当用户将素材拖曳至该面板中时，会自动生成相应的轨道。

步骤01 在剪映电脑版的"画面"操作区中，展开"基础"选项卡。在"混合"选项区中可以通过设置混合模式来进行图像合成。在"混合模式"下拉列表框中，一共有"正常""变亮""滤色""变暗""叠加""强光""柔光""颜色加深""线性加深""颜色减淡""正片叠底"11种混合模式可以选择，如图3-25所示。

步骤02 在"画面"操作区中，切换至"蒙版"选项卡，其中提供了"线性""镜面""圆形""矩形""爱心""星形"蒙版，如图3-26所示，用户可以根据需要挑选蒙版，对视频画面进行合成处理，制作有趣又有创意的蒙版合成视频。

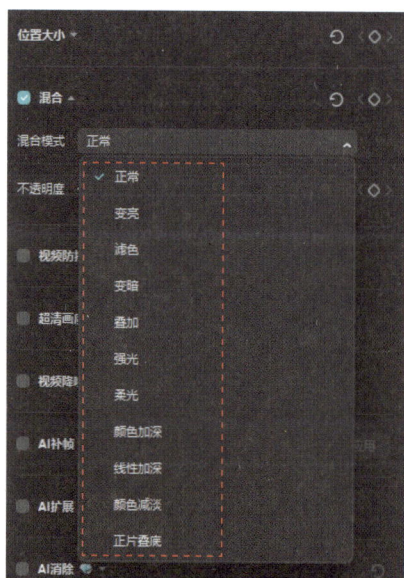

图 3-25 "混合模式"下拉列表框

图 3-26 "蒙版"选项卡

本章小结

本章首先介绍了剪映的基本知识，包括利用剪映剪辑短视频的优势、手机版与电脑版的区别，以及云盘功能的便利；接着讲解了剪映的下载与安装过程，涵盖手机版和电脑版；最后详细介绍了剪映的界面与核心功能，帮助用户熟悉手机版和电脑版的操作界面，为进一步的视频编辑打下坚实的基础。

课后习题

以下是精心设计的课后习题项目，旨在通过实践加深读者对知识点的理解和记忆。请认真参与每项练习，以实现知识的内化和应用。

扫码看教学视频

1. 剪映手机版有何优点？

答：便携、快速、操作简便。

2. 剪映云盘是什么？

答：剪映云盘是实现多设备同步编辑的功能。

第 4 章　核心操作

在掌握剪映的基础功能之后，本章将深入介绍核心操作技巧。从剪辑到调色，再到音频和文字编辑，每一节都是提升视频制作水平的关键步骤，旨在帮助用户创作出更加专业和吸引人的视频内容。

4.1　剪辑技巧

　　用户可以运用剪映手机版中的核心功能对视频进行处理，制作出精彩的、有吸引力的视频。本节将介绍有关视频剪辑方面的操作技巧。

4.1.1　复制和替换素材

　　【效果展示】：剪映手机版中的素材库中有很多自带的视频素材，用户可以根据需要替换和使用这些素材，效果如图4-1所示。

图 4-1　效果展示

　　下面介绍在剪映手机版中复制和替换素材的操作方法。

　　步骤01　在剪映手机版中导入一段视频素材，❶选择视频素材；❷点击"复制"按钮，如图4-2所示，复制素材。

　　步骤02　❶按住第1段视频素材右侧的白色边框并向左拖曳，调整第1段视频的时长为4.0s；❷点击"替换"按钮，如图4-3所示。

　　步骤03　进入"最近项目"界面，❶切换至"素材库"界面；❷在"热门"选项卡中选择相应的素材，如图4-4所示。

　　步骤04　预览素材，点击"确认"按钮，如图4-5所示，即可替换素材。

　　步骤05　接下来添加背景音乐，在界面下方的一级工具栏中，点击"音频"按钮，如图4-6所示。

　　步骤06　在弹出的二级工具栏中，点击"音乐"按钮，如图4-7所示。

图4-2　点击"复制"按钮

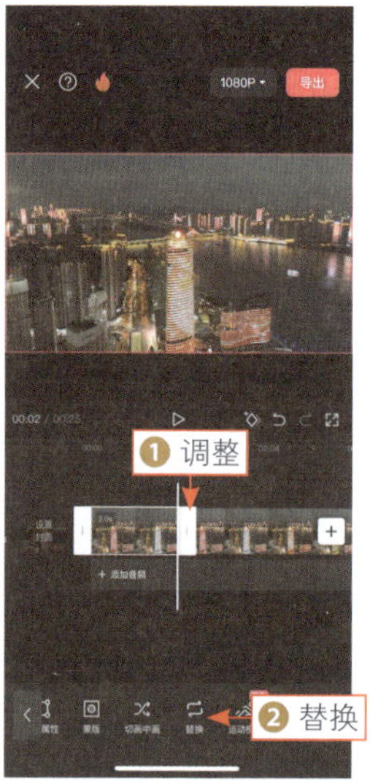

图4-3　点击"替换"按钮

图4-4　选择相应的素材

图4-5　点击"确认"按钮

图4-6　点击"音频"按钮

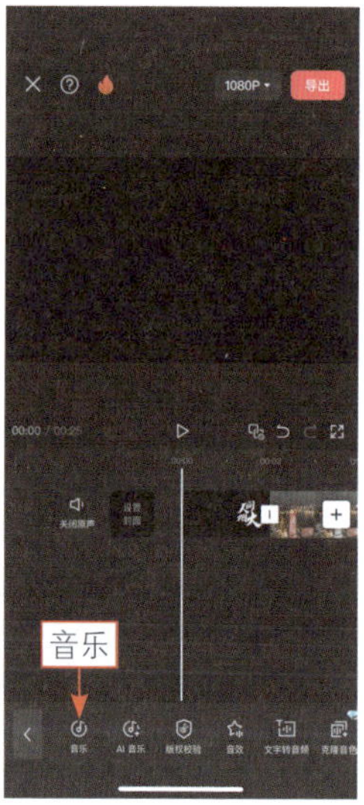

图4-7　点击"音乐"按钮

步骤07 进入"音乐"界面，❶选择音乐素材；❷点击"使用"按钮，如图4-8所示，即可添加背景音乐，将时间轴拖曳至视频末尾处，依次点击"分割"和"删除"按钮，即可删除多余的音频。

步骤08 点击两段素材中间的转场按钮囗，在"热门"选项卡中选择"叠化"选项，如图4-9所示，即可添加转场效果，让两段视频连接得更加自然。

步骤09 点击"导出"按钮，如图4-10所示，导出视频。

图 4-8　点击"使用"按钮　　　图 4-9　选择"叠化"选项　　　图 4-10　点击"导出"按钮

4.1.2　设置比例和背景

【效果展示】：为了让视频画面的尺寸统一，用户可以使用剪映手机版中的"比例"功能来调整画面大小，并为其添加背景样式，效果如图4-11所示。

扫码看教学视频

下面介绍在剪映手机版中设置比例和背景的操作方法。

步骤01 在剪映手机版中导入素材，点击"比例"按钮，如图4-12所示。

步骤02 弹出"比例"面板，❶选择1∶1选项；

图 4-11　效果展示

❷点击✓按钮，如图4-13所示，即可将视频画面修改为方形比例。

步骤03 回到一级工具栏，点击"背景"按钮，如图4-14所示。

步骤04 在弹出的二级工具栏中，点击"画布样式"按钮，如图4-15所示。

步骤05 ❶选择一款合适的画布样式；❷点击✓按钮，如图4-16所示，即可为视频添加一个背景样式。

图 4-12　点击"比例"按钮 　　　图 4-13　点击☑️按钮　　　图 4-14　点击"背景"按钮

步骤 06 点击"导出"按钮，如图4-17所示，导出视频。

图 4-15　点击"画布样式"按钮 　　图 4-16　点击☑️按钮 　　图 4-17　点击"导出"按钮

4.2　调色技巧

剪映中的调色功能，如添加滤镜和调节参数，主要用于增强视频的视觉吸引力。添加滤镜可迅速改变视频风格，剪映提供了多样的滤镜供用户选择，以满足

用户不同的创作需求，增强艺术感和视觉冲击。参数调节则允许用户细致地控制亮度、饱和度等，优化色彩表现。本节将指导大家如何运用这些工具。

4.2.1 通过添加滤镜调色

扫码看教学视频

【效果对比】：当用户拍摄出来的视频画面比较灰暗时，可以在剪映手机版中添加合适的滤镜，让视频中的风景更加明亮、清晰，原图与效果对比如图4-18所示。

图 4-18 原图与效果图对比

下面介绍在剪映手机版中通过添加滤镜进行调色的操作方法。

步骤 01 在剪映手机版中导入素材，点击"滤镜"按钮，如图4-19所示。

步骤 02 进入"滤镜"界面，❶切换至"风景"选项卡；❷选择"绿妍Ⅱ"滤镜；❸点击✓按钮，如图4-20所示，确认应用滤镜效果。

步骤 03 点击"导出"按钮，如图4-21所示，导出视频。

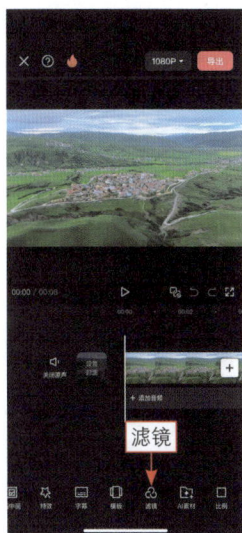

图 4-19 点击"滤镜"按钮　　图 4-20 点击✓按钮　　图 4-21 点击"导出"按钮

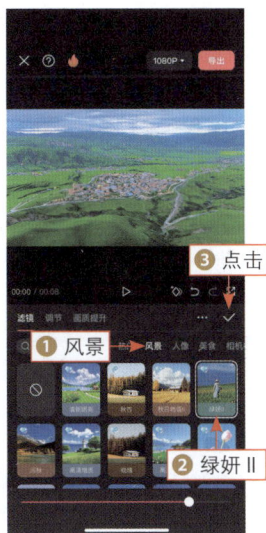

4.2.2 通过调节参数调色

【效果对比】：如果视频画面的光线不够明亮，色彩不够鲜艳，或者有过度曝光等问题，可以先使用"智能调色"功能，然后调节相应的参数，为画面进行调色，原图与效果对比如图4-22所示。

图 4-22　原图与效果图对比

下面介绍在剪映手机版中通过调节参数进行调色的操作方法。

步骤 01 在剪映手机版中导入素材，点击"调节"按钮，如图4-23所示。

步骤 02 进入"调节"界面，选择"智能调色"选项，如图4-24所示，进行快速调色，优化视频画面。

步骤 03 为了继续调整视频画面，设置"饱和度"参数值为5，让画面色彩变得鲜艳一些，如图4-25所示。

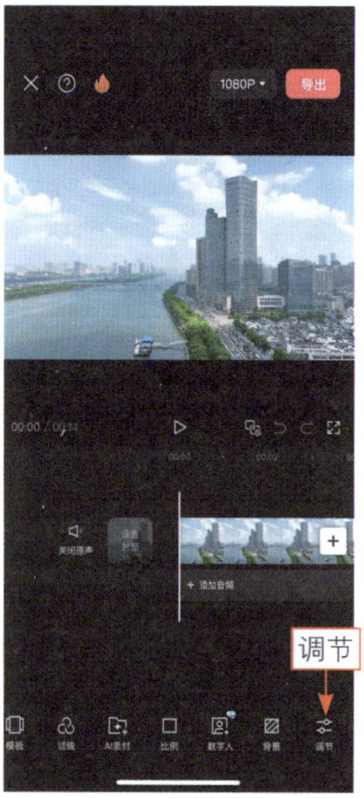

图 4-23　点击"调节"按钮 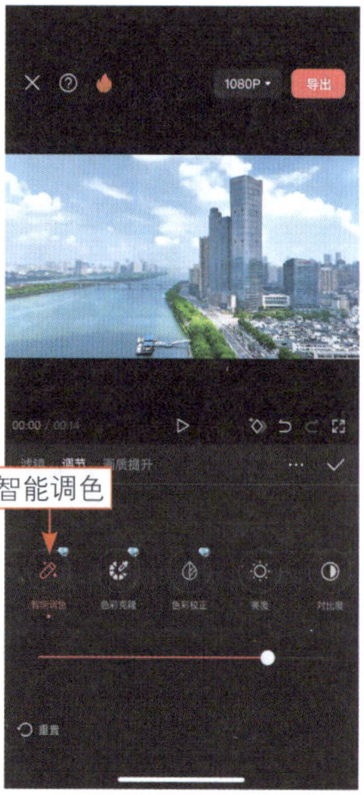　图 4-24　选择"智能调色"选项 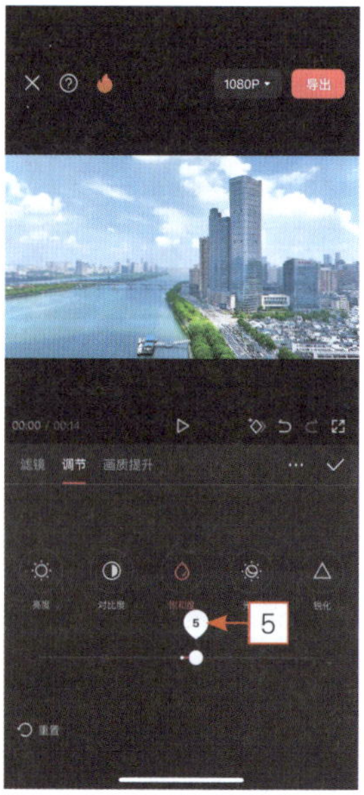　图 4-25　设置"饱和度"参数

步骤 04 设置"色温"参数值为-9，让画面偏冷色调，如图4-26所示。

步骤 05 ❶设置"色调"参数值为-9，让画面偏蓝绿调；❷点击✔️按钮，如图4-27所示，确认操作。

步骤 06 点击"导出"按钮，如图4-28所示，导出视频。

图 4-26 设置"色温"参数   图 4-27 点击✔️按钮   图 4-28 点击"导出"按钮

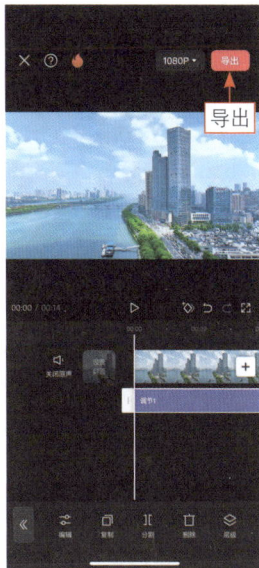

4.2.3 调出诱人的食物色调

【效果对比】：普通的食物经过这个万能食物色调处理之后就会变得更加诱人，让人更有食欲，原图与效果对比如图4-29所示。

扫码看教学视频

图 4-29 原图与效果图对比

下面介绍在剪映手机版中调出诱人食物色调的操作方法。

步骤 01 在剪映手机版中导入素材，❶选择视频素材；❷点击"滤镜"按钮，如图4-30所示。

步骤02 ❶切换至"美食"选项卡；❷选择"美食增色"滤镜，进行初步调色，如图4-31所示。

步骤03 返回二级工具栏，点击"调节"按钮，如图4-32所示，即可进入"调节"界面。

图 4-30　点击"滤镜"按钮　　图 4-31　选择"美食增色"滤镜　　图 4-32　点击"调节"按钮

步骤04 ❶选择"亮度"选项；❷拖曳滑块，设置参数值为5，提亮画面，如图4-33所示。

步骤05 ❶选择"对比度"选项；❷拖曳滑块，设置参数值为7，增强明暗对比，如图4-34所示。

步骤06 ❶选择"饱和度"选项；❷拖曳滑块，设置参数值为3，让色彩更加鲜艳，如图4-35所示。

步骤07 ❶选择"光感"选项；❷拖曳滑块，设置参数值为6，继续提亮画面，如图4-36所示。

步骤08 ❶选择"高光"选项；❷拖曳滑块，设置参数值为6，提高画面高光部分的亮度，如图4-37所示。

步骤09 ❶选择"色温"选项；❷拖曳滑块，设置参数值为–20，微微增强暖色调效果，如图4-38所示。

图 4-33　拖曳"亮度"滑块

图 4-34　拖曳"对比度"滑块

图 4-35　拖曳"饱和度"滑块

图 4-36　拖曳"光感"滑块

图 4-37　拖曳"高光"滑块

图 4-38　拖曳"色温"滑块

步骤 10　❶选择"色调"选项；❷拖曳滑块，设置参数值为14，让色彩更加自然，如图4-39所示。

步骤 11　操作完成后，返回一级工具栏，如图4-40所示。

步骤 12　点击"贴纸"按钮，如图4-41所示，添加贴纸。

图 4-39　拖曳"色调"滑块　　　图 4-40　返回一级工具栏　　　图 4-41　点击"贴纸"按钮

步骤 13 ❶切换至"收藏"选项卡；❷选择一款合适的贴纸；❸调整贴纸的大小和位置；❹点击✔按钮，如图4-42所示。

步骤 14 调整贴纸素材的显示时长，使其与视频素材的时长一致，如图4-43所示。

步骤 15 点击"导出"按钮，如图4-44所示，导出视频。

图 4-42　点击✔按钮　　　图 4-43　调整贴纸素材的显示时长　　　图 4-44　点击"导出"按钮

4.3　音频编辑

音频在短视频中扮演着至关重要的角色，是不可或缺的元素，用户巧妙地为视频添加背景音乐，不仅能增添节奏感和动感，还能为视频赋予独特的个性。同时，通过细致地设置音量参数，可以确保声音与画面的和谐统一，避免突兀之感。

而巧妙地设置音频的淡入淡出效果，则能平滑地引导观众的情绪，进一步增强视频的沉浸感和表现力。掌握这些音频处理技巧，可以为视频营造出特定的氛围和情感，使得视频内容更加饱满、丰富，也更加引人入胜。本节将为大家介绍相应的音频处理技巧。

4.3.1　添加背景音乐

【效果展示】：在剪映手机版中，可以为视频添加合适的背景音乐，让视频不再单调，视频效果如图4-45所示。

图 4-45　视频效果展示

下面介绍在剪映手机版中为视频添加背景音乐的操作方法。

步骤 01 在剪映手机版中导入一段视频素材，依次点击"音频"和"音乐"按钮，如图4-46所示。

步骤 02 进入"音乐"界面，❶切换至"收藏"选项卡；❷在下方的列表中选择相应的音乐，进行试听；❸点击"使用"按钮，如图4-47所示。

步骤 03 音频添加成功后，可能会过长，此时可以删除多余的音频素材。❶选择音频素材；❷在视频素材的末尾位置点击"分割"按钮，分割音频；❸点击"删除"按钮，如图4-48所示，删除多余的音频素材。

图 4-46　点击"音乐"按钮　　　图 4-47　点击"使用"按钮 　　　图 4-48　点击"删除"按钮

4.3.2　设置音量参数

【效果展示】：在剪辑视频的过程中，设置音量参数可以确保音频与视频内容的和谐统一，避免音量过高导致失真或过低导致听不清楚，让视频在不同的播放环境下都能保持适宜的听觉效果，视频效果如图4-49所示。

扫码看教学视频

图 4-49　视频效果展示

下面介绍在剪映手机版中设置音量参数的操作方法。

步骤01 在剪映手机版中导入一段视频素材，依次点击"音频"和"音乐"按钮，如图4-50所示，为视频添加背景音乐。

步骤02 选择音频素材，点击"音量"按钮，弹出"音量"面板，❶设置"音量"参数值为400，扩大音量；❷点击 ✓ 按钮，如图4-51所示。

步骤03 要删除多余的音频素材，❶选择音频素材；❷在视频素材的末尾位置点击"分割"按钮，分割音频；❸点击"删除"按钮，如图4-52所示。

| 图 4-50　点击"音乐"按钮 | 图 4-51　点击 ✓ 按钮 | 图 4-52　点击"删除"按钮 |

4.3.3 设置淡入淡出

【效果展示】：淡入是指背景音乐开始的时候，声音会缓缓变大；淡出则是指背景音乐结束的时候，声音会渐渐消失。设置音频的淡入淡出效果后，可以让短视频的背景音乐不那么突兀，给观众带来更加舒适的视听感，视频效果如图4-53所示。

扫码看教学视频

图 4-53　视频效果展示

下面介绍在剪映手机版中设置淡入淡出效果的操作方法。

步骤01 在剪映手机版中导入一段视频素材，依次点击"音频"和"音乐"按钮，如图4-54所示，为视频添加背景音乐。

步骤02 ❶选择音频素材；❷在视频素材的末尾位置点击"分割"按钮，分割音频；❸点击"删除"按钮，如图4-55所示，删除多余的音频素材。

步骤03 ❶选择剩下的音频素材；❷点击"淡入淡出"按钮，如图4-56所示。

图 4-54　点击"音乐"按钮　　图 4-55　点击"删除"按钮　　图 4-56　点击"淡入淡出"按钮

步骤04 拖曳"淡入时长"白色圆环滑块，设置"淡入时长"参数为2.5s，如图4-57所示。

步骤05 ❶拖曳"淡出时长"白色圆环滑块，设置"淡出时长"参数为4.0s；❷点击✓按钮，如图4-58所示。

步骤06 执行操作后，可以看到音频的前后音量都有所下降，如图4-59所示。

图 4-57　设置"淡入时长"参数　　图 4-58　点击✓按钮　　图 4-59　音频的前后音量都有所
　　　　　　　　　　　　　　　　　　　　　　　　　　　　　　　　　下降

4.4 文字编辑

在视频剪辑中，用户可以对文字进行多样化的编辑，如应用文字模板和添加贴纸等，以此来增强视觉冲击力，更好地匹配视频风格。本节将为大家介绍相应的操作方法。

4.4.1 添加文字模板

【效果展示】：在剪映手机版中有许多新颖好用的文字模板，一键即可套用，让视频内容更加丰富，效果如图4-60所示。

图 4-60　效果展示

下面介绍在剪映手机版中应用文字模板的操作方法。

步骤01 在剪映手机版中导入一段视频素材，在一级工具栏中，点击"文本"按钮，如图4-61所示。

步骤02 在弹出的二级工具栏中，点击"新建文本"按钮，如图4-62所示。

步骤03 ❶输入文案；❷切换至"文字模板"|"热门"选项卡；❸选择一款合适的文字模板，如图4-63所示，即可应用该文字模板。

步骤04 ❶调整文字的大小和位置；❷点击✔按钮，如图4-64所示，确认操作。

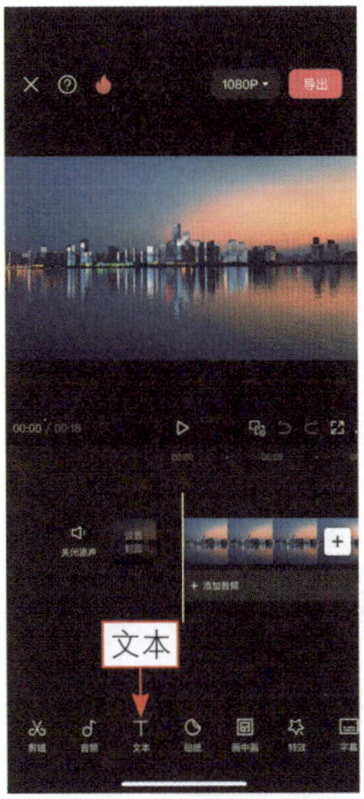

图 4-61　点击"文本"
按钮

图 4-62　点击"新建文
本"按钮

图 4-63　选择一款合适的文字模板

图 4-64　点击✔按钮

步骤05 调整文字的显示时长，使其与视频的时长一致，如图4-65所示。

步骤06 操作完成后，点击"导出"按钮，如图4-66所示，导出视频。

图 4-65　调整文字的显示时长

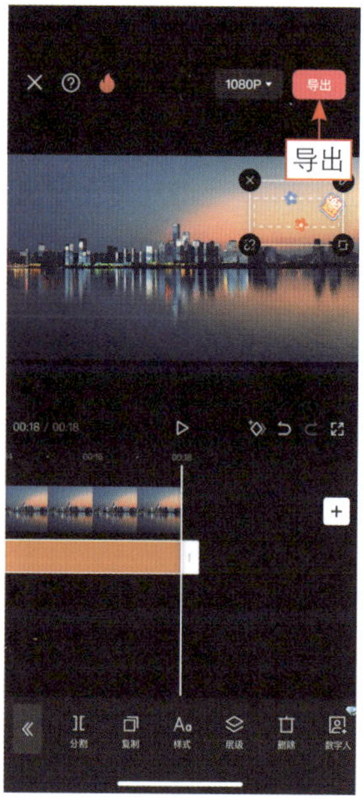

图 4-66　点击"导出"按钮

4.4.2　添加贴纸

【效果展示】：在剪映手机版中给短视频添加贴纸效果，可以使短视频画面更加精彩、有趣，同时贴纸可以用于强调视频的特定部分或传达额外的视觉信息，增强观众的记忆点，效果如图4-67所示。

扫码看教学视频

图 4-67　效果展示

下面介绍在剪映手机版中给视频添加贴纸的操作方法。

步骤01 在剪映手机版中导入一段素材，点击"贴纸"按钮，❶切换至"奔赴春日动态手写字"选项卡；❷选择一款合适的贴纸；❸点击✔按钮，如图4-68所示，确认操作。

步骤02 调整贴纸的显示时长，使其与视频的时长一致，如图4-69所示。

步骤03 ❶调整贴纸的大小和位置；❷点击"导出"按钮，如图4-70所示，即可导出视频。

图 4-68　点击✔按钮 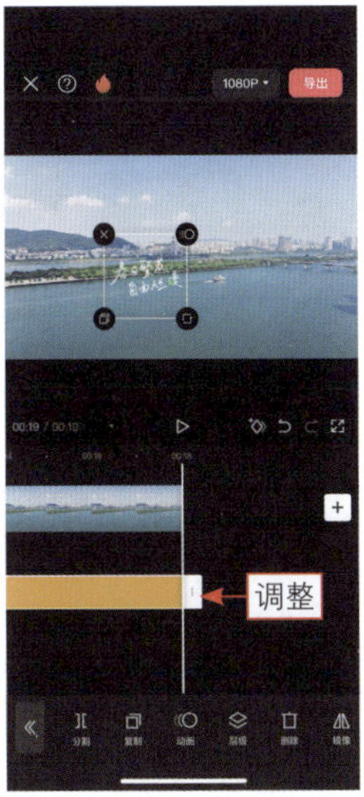　　　　图 4-69　调整贴纸的显示时长 　　　　图 4-70　点击"导出"按钮

本章小结

本章首先介绍了核心剪辑技巧，包括复制和替换素材、设置比例和背景；接着讲解了调色技巧，通过添加滤镜和调节相关参数来调整视频色调，特别是调出诱人的食物色调；然后介绍了音频编辑技巧，包括添加背景音乐、设置音量参数和淡入淡出效果；最后探讨了文字编辑技巧，包括应用文字模板和添加贴纸，全面提升视频编辑的创意和专业性。

课后实训

以下是精心设计的课后实训项目，旨在通过实践加深读者对知识点的理解和记忆。请认真参与每项练习，以实现知识的内化和应用。

【实训任务】：为视频文字添加动画效果，是一种非常新颖的表现形式，添加文字入场动画效果，可以让文字出现的时候更加自然。请运用剪映手机版为一段视频素材添加文字，并为文字添加动画效果，如图4-71所示。

图4-71　效果展示

下面介绍在剪映手机版中为文字添加动画的操作方法。

步骤01 在剪映手机版中导入一段视频素材，依次点击"文本"和"新建文本"按钮，如图4-72所示。

步骤02 ❶输入文案；❷在"字体"|"热门"选项卡中选择合适的字体，如图4-73所示。

步骤03 ❶切换至"花字"|"蓝色"选项卡；❷选择一款花字，如图4-74所示，美化文字效果。

步骤04 ❶切换至"动画"选项卡；❷在"入场"选项卡中选择"冰雪飘动"动画效果；❸点击✔按钮，如图4-75所示，即可为文字添加入场动画。

图 4-72　点击"新建文本"按钮　　图 4-73　选择合适的字体　　图 4-74　选择一款花字

步骤05 调整文字的显示时长，使其与视频的时长一致，如图4-76所示。

步骤06 ❶调整文字的大小和位置；❷点击"导出"按钮，如图4-77所示，即可导出视频。

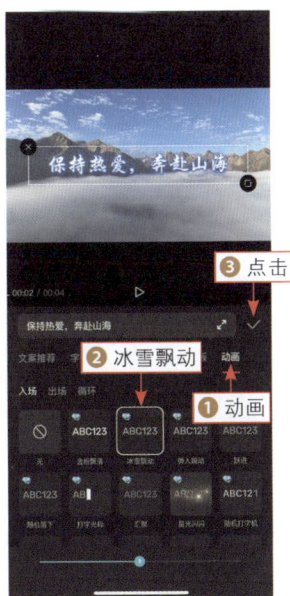

图 4-75　点击☑按钮　　图 4-76　调整文字的显示时长　　图 4-77　点击"导出"按钮

第 5 章　一键成片

随着视频编辑技能的逐步提升，读者可以学习本章将介绍的剪映中的"一键成片""图文成片""剪同款"功能，简化视频制作流程。从选择模板到智能图文匹配，再到剪同款效果，每一小节都旨在帮助大家快速创作出专业级别的视频内容。

5.1 使用"一键成片"功能生成视频

剪映中的"一键成片"功能利用人工智能技术，实现了图文和本地素材的自动匹配和编辑，大大简化了视频制作流程，提高了视频制作的效率。本节主要介绍使用"一键成片"功能生成视频的具体操作方法。

5.1.1 选择模板生成视频

【效果展示】：在使用"一键成片"功能时，用户需要提前准备好素材，并按照顺序导入到剪映中，之后就能选择自己喜欢的模板，生成视频，效果如图5-1所示。

扫码看教学视频

图 5-1 效果展示

★ 专家提醒 ★

剪映提供了多种模板，建议用户根据视频内容和风格选择合适的模板。同时，"一键成片"中的模板会时常发生变动，用户如果遇到心仪的模板，可以长按模板进行收藏。

下面介绍在剪映手机版中选择模板生成视频的操作方法。

步骤01 打开剪映手机版，进入"剪辑"界面，点击"一键成片"按钮，进入"最近项目"界面，❶在"视频"选项卡中依次选择3段视频；❷点击"下一步"按钮，如图5-2所示，即可让AI根据素材推荐模板，并进入"编辑"界面。

步骤02 ❶选择喜欢的模板，预览效果；❷点击"导出"按钮，如图5-3所示。

步骤03 弹出"导出设置"面板，在其中点击▣按钮，如图5-4所示，把视频导出至本地相册中。

图 5-2　点击"下一步"按钮 　　　图 5-3　点击"导出"按钮 　　　图 5-4　点击🖫按钮

5.1.2　输入提示词生成视频

【效果展示】：在使用"一键成片"功能制作视频时，用户可以输入相应的提示词，让剪映精准提供模板，这样可以缩小选择范围，效果如图5-5所示。

扫码看教学视频

图 5-5　效果展示

下面介绍在剪映手机版中输入提示词生成视频的操作方法。

步骤01 打开剪映手机版，进入"剪辑"界面，点击"一键成片"按钮，如图5-6所示。

步骤02 进入"最近项目"界面，❶在"视频"选项卡中，依次选择3段视频；❷点击文本框空白处，如图5-7所示。

步骤03 弹出相应的面板，❶在文本框中输入相应的提示词；❷点击"完成"按钮,如图5-8所示。

图 5-6　点击"一键成片"按钮　　　图 5-7　点击文本框空白处　　　图 5-8　点击"完成"按钮

步骤 04 点击"下一步"按钮,如图5-9所示。

步骤 05 稍等片刻,即可生成一段视频,❶选择喜欢的模板,预览视频效果;❷点击"导出"按钮,如图5-10所示。

步骤 06 弹出"导出设置"面板,在其中点击■按钮,如图5-11所示,把视频导出至本地相册中。

图 5-9　点击"下一步"按钮　　　图 5-10　点击"导出"按钮　　　图 5-11　点击■按钮

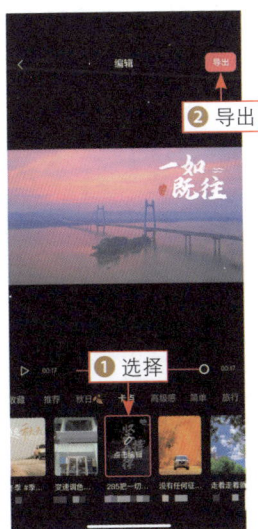

5.1.3 编辑一键成片视频草稿

【效果展示】：在使用"一键成片"功能制作视频时，还可以混合搭配照片和视频素材。如果对效果不满意，还可以编辑视频草稿，进行个性化设置，比如为素材添加动画，让画面更具动感，效果如图5-12所示。

图 5-12　效果展示

下面介绍在剪映手机版中编辑一键成片视频草稿的操作方法。

步骤01 打开剪映手机版，进入"剪辑"界面，点击"一键成片"按钮，如图5-13所示。

步骤02 进入"最近项目"界面，❶切换至"视频"选项卡；❷依次选择4段视频素材；❸点击"下一步"按钮，如图5-14所示。

步骤03 进入"编辑"界面，❶选择喜欢的模板；❷点击"点击编辑"按钮，如图5-15所示。

图 5-13　点击"一键成片"按钮　　图 5-14　点击"下一步"按钮　　图 5-15　点击"点击编辑"按钮

步骤 04 进入相应的界面，点击"编辑更多"按钮，如图5-16所示。

步骤 05 进入剪辑界面，❶选择视频素材；❷点击"动画"按钮，如图5-17所示，为视频添加动画效果。

步骤 06 在弹出的动画面板中，❶切换至"组合动画"选项卡；❷选择"缩放"动画，让画面变得动感十足，如图5-18所示。

图 5-16　点击"编辑更多"按钮 　　图 5-17　点击"动画"按钮 　　图 5-18　选择"缩放"动画

★ 专 家 提 醒 ★

　　用户在使用"一键成片"生成视频之后，可以根据实际需求对视频进行进一步的调整，如修改字幕、调整音乐及添加动画等，让视频效果更加丰富。

5.2　使用"图文成片"功能生成视频

　　在创作短视频的过程中，用户常常会遇到这样一个问题：怎么又快又好地写出视频文案呢？如何快速生成视频呢？剪映的"图文成片"功能就能满足这个需求。

　　本节主要介绍使用"图文成片"功能生成视频的操作方法，帮助大家快速制作出短视频。不过需要注意的是，即使是相同的文案，剪映每次生成的视频也不一样。

5.2.1　智能匹配素材

【效果展示】：用户在使用"图文成片"中的"智能匹配素材"功能时，只要输入文案或导入链接，系统就会为文字自动匹配视频、图片、音频和文字素材，在短时间内快速生成一个完整的短视频，效果如图5-19所示。

扫码看教学视频

图 5-19　效果展示

下面介绍在剪映手机版中使用"智能匹配素材"功能生成视频的操作方法。

步骤01 打开剪映手机版，进入"剪辑"界面，点击"图文成片"按钮，如图5-20所示。

步骤02 进入"图文成片"界面，点击"自由编辑文案"按钮，如图5-21所示。

步骤03 进入相应的界面，❶输入文案；❷点击"应用"按钮，如图5-22所示。

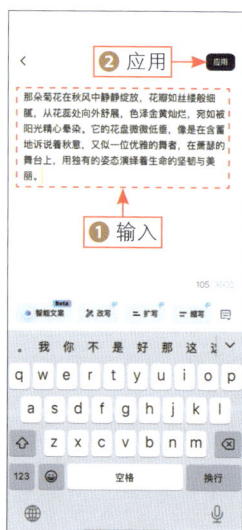

图 5-20　点击"图文成片"按钮　　图 5-21　点击相应的按钮　　图 5-22　点击"应用"按钮

步骤 04 弹出"请选择成片方式"面板，在其中选择"智能匹配素材"选项，如图5-23所示。

步骤 05 稍等片刻，即可生成一段视频，如图5-24所示。

步骤 06 点击"导出"按钮，如图5-25所示，导出视频。

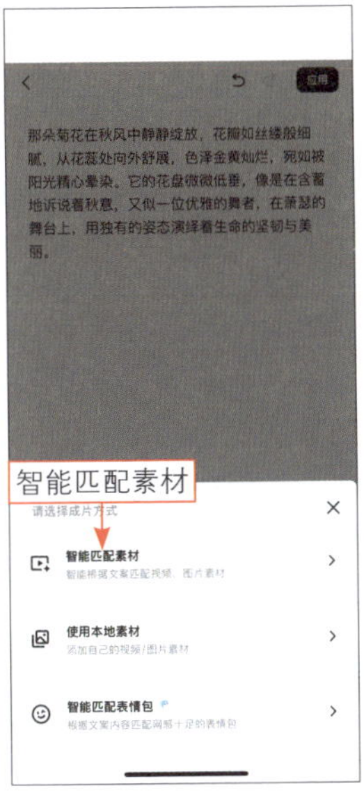

图 5-23　选择"智能匹配素材"选项

图 5-24　即可生成一段视频

图 5-25　点击"导出"按钮

5.2.2　使用本地素材

【效果展示】：在以图文成片的方式制作视频的过程中，不仅可以智能匹配素材，还可以手动添加手机本地相册中的视频或者图片素材，让视频制作过程更加灵活、自由，用户的操作空间更广泛，效果如图5-26所示。

扫码看教学视频

图 5-26　效果展示

下面介绍在剪映手机版中使用本地素材生成视频的操作方法。

步骤01 打开剪映手机版，进入"剪辑"界面，点击"图文成片"按钮，进入"图文成片"界面，点击"自由编辑文案"按钮，进入相应的界面，❶输入文案；❷点击"应用"按钮，如图5-27所示。

步骤02 弹出"请选择成片方式"面板，在其中选择"使用本地素材"选项，如图5-28所示。

步骤03 稍等片刻，即可生成一段视频，点击视频空白处的"添加素材"按钮，如图5-29所示。

图 5-27　点击"应用"按钮

图 5-28　选择"使用本地素材"选项

步骤04 点击"替换"按钮，如图5-30所示，替换素材。

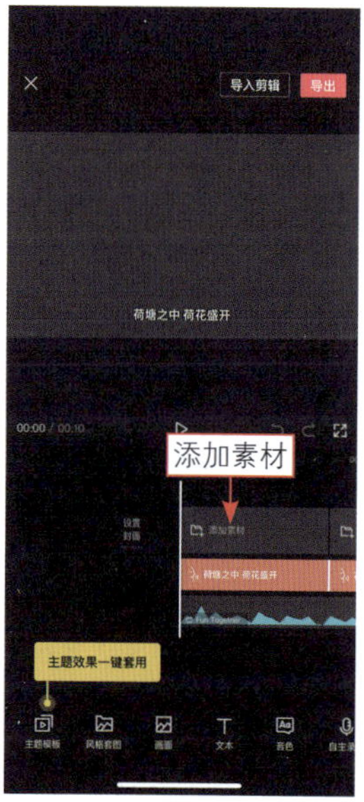

图 5-29　点击相应的按钮

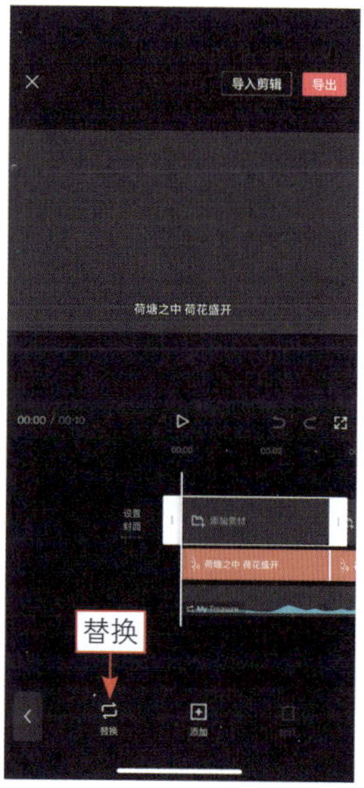

图 5-30　点击"替换"按钮

步骤05 弹出相应的界面，❶切换至"最近项目"|"视频"选项卡；❷选择

一段荷花视频，如图5-31所示，添加视频素材。

步骤 06 ❶点击第2段素材的位置；❷选择第2段荷花视频，如图5-32所示，即可添加第2段视频素材，完成视频的制作。

图 5-31　选择第 1 段荷花视频

图 5-32　选择第 2 段荷花视频

5.2.3　智能匹配表情包

【效果展示】：在以图文成片的方式生成视频中，AI还可以根据文案内容智能匹配网感十足的表情包，不仅为视频增添了幽默感，还能让内容更加生动有趣，效果如图5-33所示。

扫码看教学视频

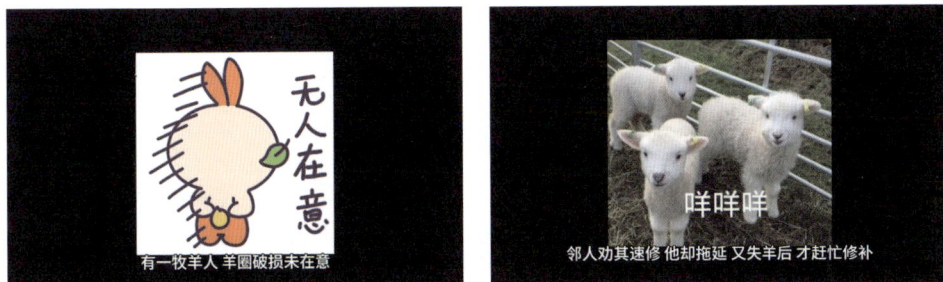

图 5-33　效果展示

下面介绍在剪映手机版中使用智能匹配表情包生成视频的操作方法。

步骤 01 打开剪映手机版，进入"剪辑"界面，点击"图文成片"按钮，进入"图文成片"界面，点击"自由编辑文案"按钮，进入相应的界面，❶输入文案；❷点击"应用"按钮，如图5-34所示。

步骤 02 弹出"请选择成片方式"面板，选择"智能匹配表情包"选项，如图5-35所示，添加表情包。

步骤 03 稍等片刻，即可生成一段视频，点击"导出"按钮，如图5-36所示，即可导出视频。

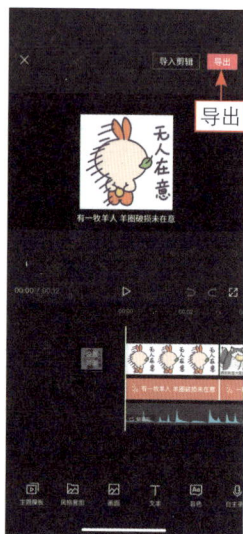

图 5-34　点击"应用"按钮　　图 5-35　选择"智能匹配表情包"　　图 5-36　点击"导出"按钮
　　　　　　　　　　　　　　　　　　选项

★ 专家提醒 ★

需要注意的是，"智能匹配表情包"功能需要开通剪映会员才能使用，用户可以根据自身需求自行决定是否开通会员服务。

5.3　使用"剪同款"功能生成视频

本节主要介绍使用"剪同款"功能生成视频的操作方法，帮助用户一键制作同款美食视频、写真相册，快速掌握制作同款抖音爆款短视频的方法。

5.3.1　美食视频效果

【效果展示】：对于多张美食照片，如何快速把它们生成美食视频呢？在剪映中使用"剪同款"功能选择模板，就能快速生成，效果如图5-37所示。

扫码看教学视频

下面介绍在剪映手机版中一键生成同款美食视频的操作方法。

步骤01 打开剪映手机版，❶ 点击"剪同款"按钮，进入"剪同款"界面；❷ 点击界面上方的搜索栏，如图5-38所示。

步骤02 ❶ 输入并搜索"日常美食记录"；❷ 在搜索结果中选择一个合适的模板，如图5-39所示。

图 5-37　效果展示

步骤03 进入相应的界面，点击右下角的"剪同款"按钮，如图5-40所示。

图 5-38　点击搜索栏 　　图 5-39　选择一个合适的模板　　图 5-40　点击"剪同款"按钮

步骤04 进入"最近项目"界面，❶ 在"照片"选项卡中依次选择4张美食照片；❷ 点击"下一步"按钮，如图5-41所示。

步骤05 稍等片刻，即可生成一段视频，点击"导出"按钮，如图5-42所示。

步骤06 弹出"导出设置"面板，在其中点击 按钮，如图5-43所示，把视频导出至本地相册中。

★ 专家提醒 ★

需要注意的是，"剪同款"功能中的视频模板会时常变动，用户可以点击视频模板右侧的，收藏喜欢的模板。

图 5-41　点击"下一步"按钮 　　图 5-42　点击"导出"按钮 　　图 5-43　点击 按钮

5.3.2　写真相册效果

【效果展示】：对于多张人像写真照片，在剪映手机版中可以使用"剪同款"的功能，使其变成一段动态的电子相册视频，让照片变得生动起来，效果如图5-44所示。

扫码看教学视频

图 5-44　效果展示

下面介绍在剪映手机版中一键生成同款人像相册的操作方法。

步骤01 打开剪映手机版，❶点击"剪同款"按钮，进入"剪同款"界面；❷点击界面上方的搜索栏，如图5-45所示。

步骤02 ❶输入并搜索"写真相册图集"；❷在搜索结果中选择合适的模板，如图5-46所示。

图 5-45　点击界面上方的搜索栏

图 5-46　选择一个合适的模板

步骤03 进入相应的界面，点击右下角的"剪同款"按钮，如图5-47所示。

步骤04 进入"最近项目"界面，❶在"照片"选项卡中依次选择15张照片；❷点击"下一步"按钮，如图5-48所示。

图 5-47　点击"剪同款"按钮

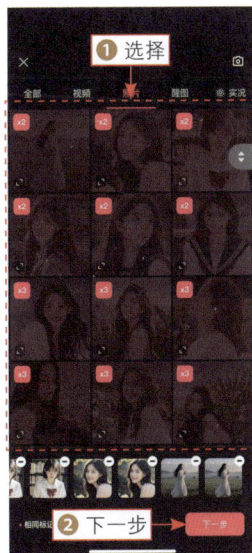

图 5-48　点击"下一步"按钮

步骤 05 稍等片刻，即可生成一段视频，点击"导出"按钮，如图5-49所示。

步骤 06 弹出"导出设置"面板，在其中点击■按钮，如图5-50所示，把视频导出至本地相册中。

图 5-49　点击"导出"按钮

图 5-50　点击■按钮

本章小结

本章首先介绍了"一键成片"功能，包含模板选择、提示词生成视频及草稿编辑；接着讲解了"图文成片"功能，涉及智能匹配素材、使用本地素材和表情包；最后介绍了如何剪同款，提供了美食视频、写真相册等效果的快速创作方案。

课后实训

以下是精心设计的课后实训项目，旨在通过实践加深读者对知识点的理解和记忆。请认真参与每项练习，以实现知识的内化和应用。

扫码看教学视频

【实训任务】：对于多段素材，在制作卡点视频的时候，步骤是比较烦琐的，而使用"剪同款"功能，几秒钟就能制成一个视频，请运用剪映手机版将多段视频素材制作成卡点视频，效果如图5-51所示。

图 5-51 效果展示

下面介绍在剪映手机版中一键生成同款卡点视频效果的操作方法。

步骤01 打开剪映手机版，❶点击"剪同款"按钮，进入"剪同款"界面；❷点击界面上方的搜索栏，如图5-52所示。

步骤02 ❶输入并搜索"环绕慢动作"；❷选择合适的模板，如图5-53所示。

步骤03 进入相应的界面，点击右下角的"剪同款"按钮，如图5-54所示。

图 5-52 点击界面上方的搜索栏　　图 5-53 选择一个合适的模板　　图 5-54 点击"剪同款"按钮

步骤04 进入"最近项目"界面，❶在"视频"选项卡中依次选择4段视频素材；❷点击"下一步"按钮，如图5-55所示。

步骤05 稍等片刻，即可生成一段视频，点击"导出"按钮，如图5-56

所示。

步骤 06 弹出"导出设置"面板，点击 🖺 按钮，如图5-57所示，把视频导出至本地相册中。

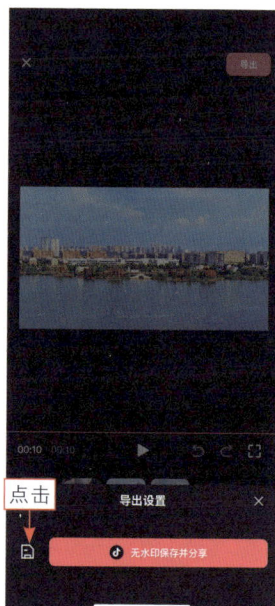

图 5-55 点击"下一步"按钮　　图 5-56 点击"导出"按钮　　图 5-57 点击🖺按钮

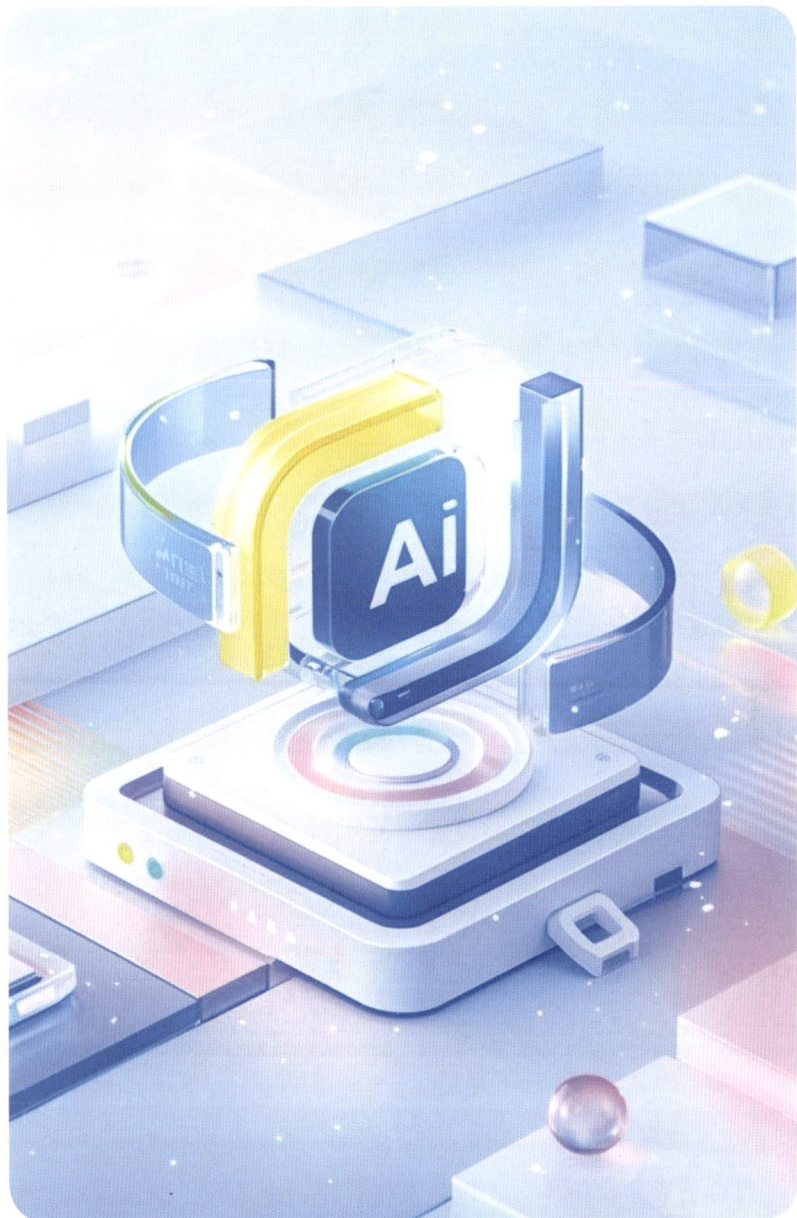

第 6 章　剪映 AI 功能

本章探索剪映的智能边界，将揭开 AI 功能的神秘面纱。从文案创作到图像生成，再到剪辑、配音、音效处理及应用 AI 特效，每一节都将介绍 AI 如何助力视频制作，让创意实现变得更加轻松和高效。

6.1 AI文案

本节将介绍如何实现文案创作，从推荐到定制化撰写，每一步都旨在激发创意并提升内容质量。

6.1.1 文案推荐

【效果展示】：在剪映手机版中使用"文案推荐"功能的时候，系统会根据视频内容，推荐很多条文案，用户只需选择自己满意的一条文案使用即可，效果如图6-1所示。

扫码看教学视频

图6-1 效果展示

下面介绍在剪映手机版中使用"文案推荐"功能的操作方法。

步骤01 在剪映手机版中导入视频素材，在一级工具栏中，点击"文本"按钮，如图6-2所示。

步骤02 在弹出的二级工具栏中，点击"AI配旁白"按钮，如图6-3所示。

步骤03 切换至"文案推荐"面板，❶选择一条合适的文案；❷点击 ⊙ 按钮，如图6-4所示。

步骤04 为了修改文案样式，❶切换至"文字模板"|"片头标题"选项卡；❷选择一款合适的文字模板，如图6-5所示。

步骤05 ❶调整文字的大小和位置；❷点击 ✓ 按钮，如图6-6所示，确认操作。

步骤 06 调整文字的显示时长，使其与视频的时长一致，如图6-7所示。

图6-2　点击"文本"按钮

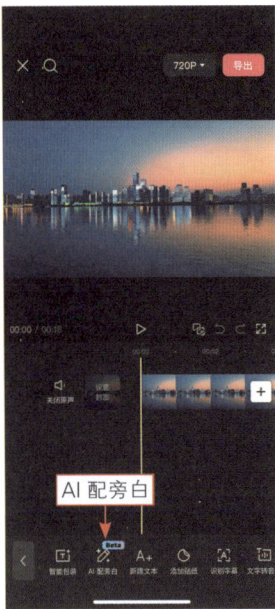

图6-3　点击"AI配旁白"按钮

图6-4　点击 按钮

图6-5　选择合适的文字模板

图6-6　点击 按钮

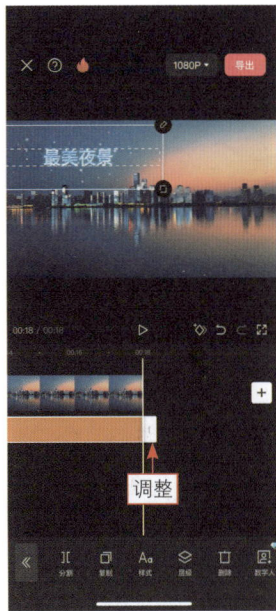

图6-7　调整文字的显示时长

6.1.2　写讲解文案

【效果展示】：本案例使用剪映手机版App中的"智能文案"功能，让其撰写一段关于风景的讲解文案，效果如图6-8所示。

图 6-8　效果展示

下面介绍在剪映手机版中智能写讲解文案的操作方法。

步骤01　在剪映手机版中导入视频素材，在下方的一级工具栏中，点击"文本"按钮，如图6-9所示。

步骤02　在弹出的二级工具栏中，点击"AI配旁白"按钮，如图6-10所示。

步骤03　弹出相应的面板，❶设置文案主题为"自定义主题"；❷输入主题内容为"写一篇关于风景的讲解文案"，设置"补充你对文案的要求"为"50字"；❸点击"生成旁白"按钮，如图6-11所示。

图 6-9　点击"文本"按钮　　　图 6-10　点击"AI 配旁白"按钮　　　图 6-11　点击"生成旁白"按钮

步骤 04 稍等片刻，即可生成文案内容，点击"应用"按钮，如图6-12所示。

步骤 05 弹出相应的面板，❶选择"仅添加文本"选项；❷点击"添加至轨道"按钮，如图6-13所示，即可添加字幕。

步骤 06 点击"文本朗读"按钮，在弹出的"文本朗读"界面中，❶选择"清亮男声"选项；❷选中"应用到全部字幕"复选框；❸点击✔按钮，如图6-14所示，即可为所有字幕添加朗读音频。

步骤 07 为了修改文案样式，点击"编辑字幕"按钮，如图6-15所示。

步骤 08 弹出相应的面板，❶选择第1段文字；❷点击Aa按钮，如图6-16所示。

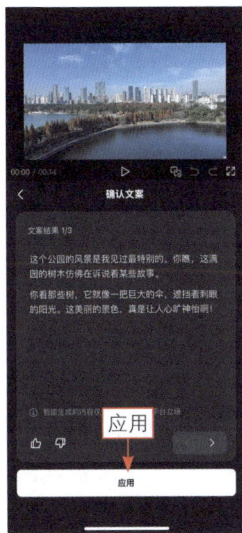

图 6-12　点击"应用"按钮

图 6-13　点击"添加至轨道"按钮

图 6-14　点击✔按钮　　　图 6-15　点击"编辑字幕"按钮　　　图 6-16　点击 Aa 按钮

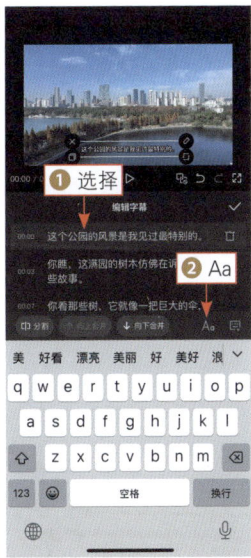

步骤 09 ❶切换至"字体"|"热门"选项卡；❷选择一个合适的字体，如图6-17所示。

步骤10 ❶切换至"样式"选项卡；❷设置"字号"参数为6，微微放大文字；❸点击☑按钮，如图6-18所示。

步骤11 ❶调整文字的位置；❷点击"导出"按钮，如图6-19所示，导出视频。

| 图 6-17　选择一个合适的字体 | 图 6-18　点击☑按钮 | 图 6-19　点击"导出"按钮 |

6.1.3　写营销文案

【效果展示】：在剪映手机版中使用AI功能写营销广告时，也需要输入相应的提示词，这样系统才能写出满足用户需求的文案，并生成相应的字幕，效果如图6-20所示。

扫码看教学视频

图 6-20　效果展示

下面介绍在剪映手机版中智能写营销文案的操作方法。

步骤01 在剪映手机版中导入视频素材，在下方的一级工具栏中，点击"文本"按钮，如图6-21所示。

步骤02 在弹出的二级工具栏中，点击"AI配旁白"按钮，如图6-22所示。

步骤03 弹出相应的面板，❶设置文案主题为"营销广告"；❷输入"产品名"为"无人机"、"产品卖点"为"稳定，便携，续航久"；❸点击"生成旁白"按钮，如图6-23所示。

图6-21　点击"文本"按钮 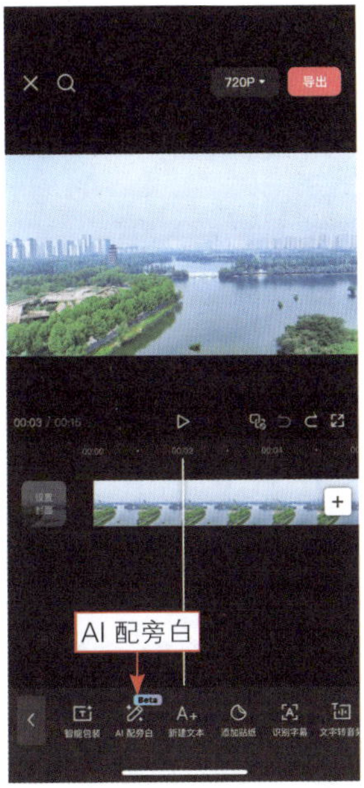　　图6-22　点击"AI配旁白"按钮 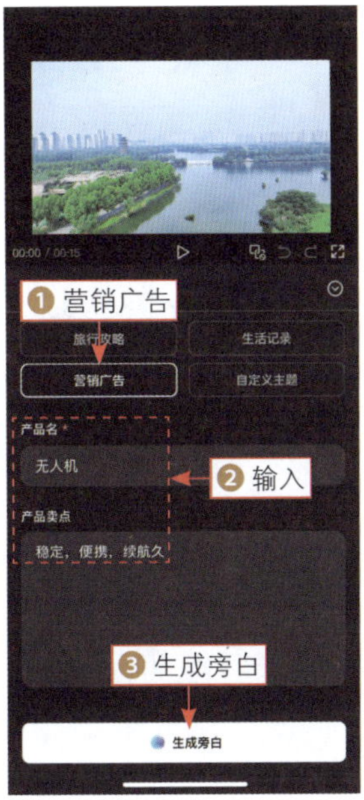　　图6-23　点击"生成旁白"按钮

步骤04 稍等片刻，即可生成文案内容，点击"应用"按钮，如图6-24所示，确定文案。

步骤05 弹出相应的面板，❶选择"文本朗读"选项；❷点击"添加至轨道"按钮，如图6-25所示。

步骤06 进入"文本朗读"界面，为了给文案配音，选中"应用到全部字幕"复选框，❶选择"知性女声"选项；❷点击✔按钮即可，如图6-26所示。

步骤07 为了修改文案样式，在界面下方的工具栏中，点击"编辑字幕"按钮，如图6-27所示。

步骤08 弹出相应的面板，❶选择第1段文字；❷点击Aa按钮，如图6-28所示。

步骤09 在"样式"选项卡中，设置"字号"参数为6，微微放大文字，如图6-29所示。

图 6-24　点击"应用"按钮

图 6-25　点击"添加至轨道"
按钮

图 6-26　点击☑按钮

图 6-27　点击"编辑字幕"按钮

图 6-28　点击 Aa 按钮

图 6-29　设置"字号"参数

步骤10 ❶切换至"字体"|"热门"选项卡；❷选择一个合适的字体，如图6-30所示。

步骤11 ❶选择视频素材；❷在音频的末尾位置点击"分割"按钮，分割素材；❸点击"删除"按钮，如图6-31所示，删除多余的视频片段。

图 6-30　选择一个合适的字体

图 6-31　点击"删除"按钮

★ 专 家 提 醒 ★

剪映中的"智能文案"功能有多种主题可供用户选择，除了营销广告，还有励志鸡汤、美食推荐、旅游感悟及生活记录等。

6.2　AI作图

在AI文案的智能辅助下，文案创作变得更加高效和精准。现在将目光转向AI作图，本节将揭开利用人工智能技术将创意转化为视觉艺术的面纱。从通用模型的广泛应用，到画面尺寸的自由调整，每一步都是对AI作图能力的精彩展示。用户将学习如何通过简单的提示词，让AI理解并创造出符合预期的图像，实现以图生图的神奇效果，让视频内容的视觉效果更加丰富和专业。

6.2.1　使用通用模型

【效果展示】：剪映手机版中的通用模型也可以称为默认模型，没有特定的风格要求，用自定义提示词生成的图片也是通用场景下的画面，效果如图6-32所示。

扫码看教学视频

图6-32 效果展示

下面介绍在剪映手机版中使用通用模型进行绘画的操作方法。

步骤01 打开剪映手机版，进入"剪辑"界面，点击"AI作图"按钮，进入"创作"界面，❶在提示词文本框中输入"摄影风格，高空有北极光，一个人站在山下，远望极光，8K"自定义提示词；❷点击 ▦ 按钮，如图6-33所示。

步骤02 进入"参数调整"面板，❶默认选择"通用1.2"模型和1：1比例样式；❷点击 ✔ 按钮，如图6-34所示，再点击"立即生成"按钮。

步骤03 稍等片刻，剪映会生成4张图片，如图6-35所示。

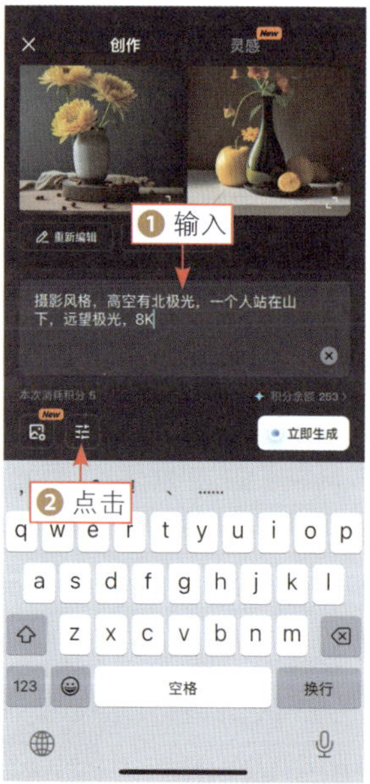

图6-33 点击▦按钮

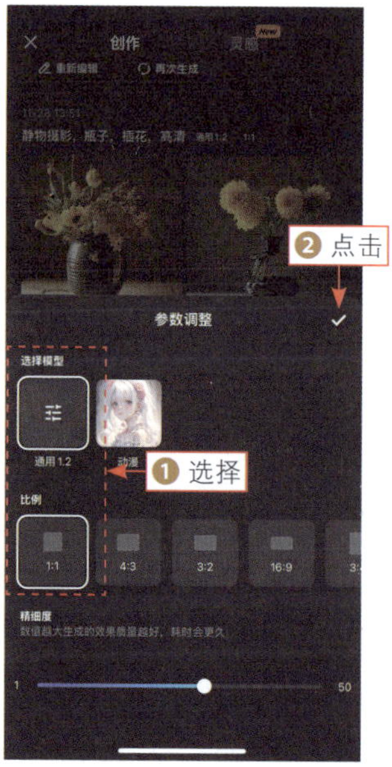

图6-34 点击✔按钮

图6-35 剪映会生成4张图片

6.2.2　改变画面尺寸

【效果展示】：在剪映中进行AI绘画，默认的图片比例是
1∶1，用户可以根据自己的需求，更改AI作图的画面尺寸，效果如
图6-36所示。

图 6-36　效果展示

下面介绍在剪映手机版中改变AI作图画面尺寸的操作方法。

步骤01　打开剪映手机版，进入"剪辑"界面，点击"AI作图"按钮，进
入"创作"界面，❶在提示词文本框中输入自定义提示词"春风十里，桃花盛
开"；❷点击▦按钮，如图6-37所示。

步骤02　进入"参数调整"面板，❶默认选择"通用1.2"模型；❷选择4∶3
比例样式，改变图片比例；❸点击✓按钮，如图6-38所示，再点击"立即生
成"按钮。

步骤03　稍等片刻，剪映会生成4张图片，如图6-39所示。

图 6-37　点击▦按钮　　　图 6-38　点击✓按钮　　　图 6-39　剪映会生成 4 张图片

89

6.2.3　以图生图效果

【效果对比】：利用图生图功能可以将唯美的图片转换成其他风格，让图像变得更加梦幻，原图与效果对比如图6-40所示。

下面介绍在剪映手机版中以图生图的操作方法。

步骤01 在剪映手机版中导入图片，点击"特效"按钮，如图6-41所示。

步骤02 在弹出的二级工具栏中点击"AI特效"按钮，如图6-42所示。

步骤03 进入"灵感"界面，点击"3D"按钮，如图6-43所示，即可切换至3D选项卡。

图6-40　原图与效果图对比

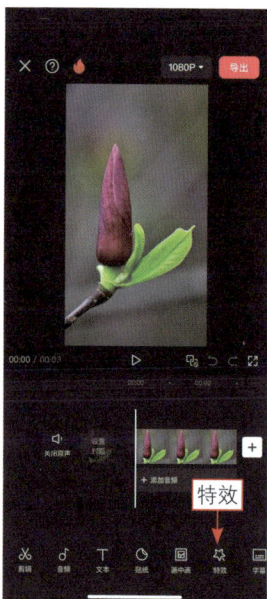

图6-41　点击"特效"按钮　　图6-42　点击"AI特效"按钮　　图6-43　点击3D按钮

步骤04 ❶选择一个喜欢的模板；❷点击"生成"按钮，如图6-44所示。

步骤05 弹出"效果预览"面板；❶选择第4个选项；❷点击"应用"按钮，生成图像，如图6-45所示。

图 6-44　点击"生成"按钮

图 6-45　点击"应用"按钮

6.3　AI剪辑

本节介绍如何利用AI简化视频的剪辑制作，智能识别字幕和歌词提升编辑效率，智能调色则赋予视频专业级色彩。

6.3.1　智能识别字幕

【效果展示】：运用智能"识别字幕"功能识别出来的字幕，会自动生成在视频画面的下方，不过需要视频中带有清晰的人声音频，否则无法识别，方言可能也识别不出来，效果如图6-46所示。

扫码看教学视频

图 6-46　效果展示

下面介绍在剪映手机版中使用智能"识别字幕"功能制作视频的操作方法。

步骤01 在剪映手机版中导入视频，点击"文本"按钮，如图6-47所示。

步骤02 在弹出的二级工具栏中，点击"识别字幕"按钮，如图6-48所示。

步骤 03 弹出"识别字幕"面板，点击"开始识别"按钮，如图6-49所示。

图 6-47　点击"文本"按钮　　图 6-48　点击"识别字幕"按钮　　图 6-49　点击"开始识别"按钮

步骤 04 识别出字幕之后，点击"编辑字幕"按钮，如图6-50所示。

步骤 05 弹出相应的面板，❶选择第1段字幕；❷点击Aa按钮，如图6-51所示。

步骤 06 进入相应的界面，❶切换至"模板"|"字幕"选项卡；❷选择合适的文字模板，如图6-52所示，用户可以根据自己的喜好选择一个模板。

图 6-50　点击"编辑字幕"按钮　　图 6-51　点击 Aa 按钮　　图 6-52　选择合适的文字模板

步骤07 ❶选中"应用到所有字幕"复选框；❷点击☑按钮，如图6-53所示，把模板应用到所有文段。

步骤08 操作完成后，点击"导出"按钮，即可导出视频，如图6-54所示。

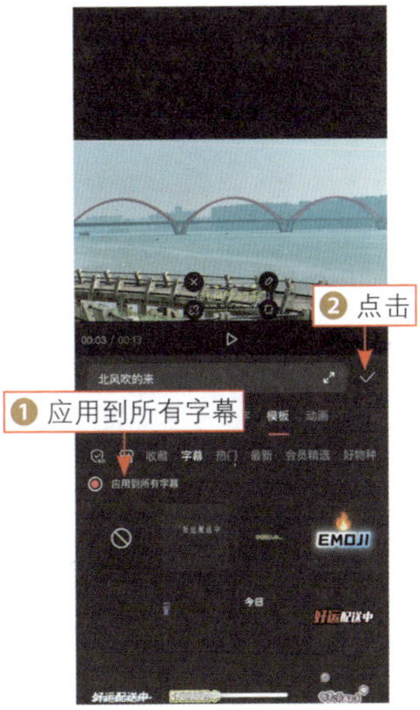

图 6-53 点击☑按钮

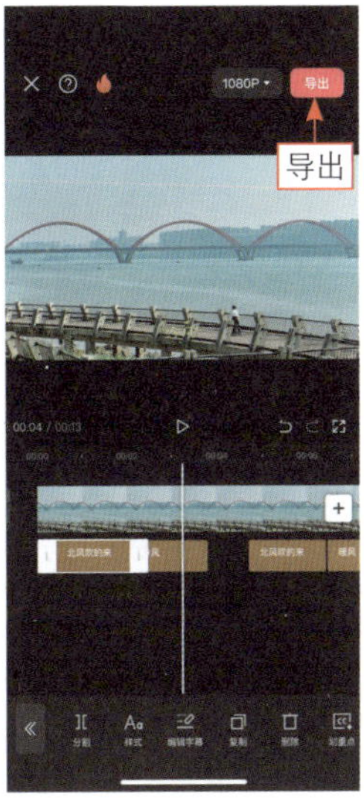

图 6-54 点击"导出"按钮

6.3.2 智能识别歌词

【效果展示】：如果视频中有清晰的中文歌曲，可以使用"识别歌词"功能，快速识别出歌词字幕，省去了手动添加歌词字幕的操作，还能添加字幕动画，让视频画面更加生动，效果如图6-55所示。

扫码看教学视频

图 6-55 效果展示

下面介绍在剪映手机版中使用"识别歌词"功能制作视频的操作方法。

步骤01 在剪映手机版中导入一段视频素材，点击"文本"按钮，如图6-56所示。

步骤 02 在弹出的二级工具栏中，点击"识别歌词"按钮，如图6-57所示。

步骤 03 弹出"识别歌词"面板，点击"开始匹配"按钮，如图6-58所示。

图 6-56　点击"文本"按钮　　图 6-57　点击"识别歌词"按钮　　图 6-58　点击"开始匹配"按钮

步骤 04 识别出歌词字幕之后，点击"编辑字幕"按钮，如图6-59所示。

步骤 05 弹出相应的面板，❶选择第1段文字；❷点击Aa按钮，如图6-60所示。

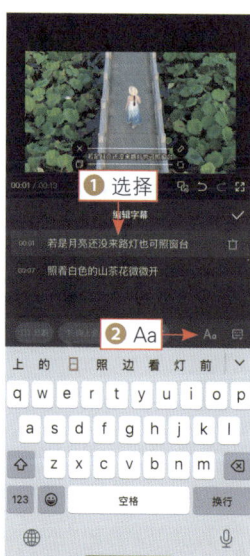

图 6-59　点击"编辑字幕"按钮

图 6-60　点击 Aa 按钮

步骤 **06** 接下来修改字体。❶切换至"字体"|"热门"选项卡；❷选择合适的字体，如图6-61所示。

步骤 **07** 要制作KTV字幕效果，❶先切换至"动画"选项卡；❷再选择"卡拉OK"入场动画；❸选择合适的色块，更改文字的颜色，如图6-62所示。

步骤 **08** 操作完成后，点击"导出"按钮，如图6-63所示，导出视频。

图 6-61　选择合适的字体　　　　图 6-62　选择合适的色块　　　　图 6-63　点击"导出"按钮

6.3.3　智能调色功能

【效果对比】：如果视频画面过曝或者欠曝，色彩不够鲜艳，可以使用"智能调色"功能，对画面进行调色，原图与效果对比如图6-70所示。

扫码看教学视频

图 6-64　原图与效果图对比

下面介绍在剪映手机版中使用"智能调色"功能的操作方法。

步骤01 在剪映手机版中导入视频素材，❶选择视频素材；❷点击"调节"按钮，如图6-65所示。

步骤02 在"调节"选项卡中选择"智能调色"选项，快速给视频调色，如图6-66所示。

步骤03 设置"饱和度"参数值为6，让画面色彩变得鲜艳一些，如图6-67所示。

步骤04 设置"对比度"参数值为7，提升明暗对比度，让视频画面更加清晰一些，如图6-68所示。

步骤05 点击"导出"按钮，如图6-69所示，导出视频。

图 6-65　点击"调节"按钮

图 6-66　选择"智能调色"选项

图 6-67　设置"饱和度"参数

图 6-68　设置"对比度"参数

图 6-69　点击"导出"按钮

★ 专 家 提 醒 ★

"智能调色"功能可以优化视频画面，但是还需要根据画面的实际情况，对不足之处进行更精细的调整，这样才能获得更精彩的画面效果。

6.4　AI配音

剪映的"AI配旁白"功能可以根据用户提供的视频生成旁白，同时，可以利用AI故事成片功能生成一段故事并自动配音。这大大简化了视频配音的流程。本节将为大家介绍这两种功能的使用方法。

6.4.1　使用"AI配旁白"功能

【效果展示】："AI配旁白"功能允许用户将文本转换成自然流畅的语音，并提供了多种音色和语速方便用户选择，使视频内容更加生动有趣，效果如图6-70所示。

扫码看教学视频

图 6-70　效果展示

下面介绍在剪映手机版中使用"AI配旁白"功能的操作方法。

步骤01 打开剪映手机版，进入"剪辑"界面，点击"AI配旁白"按钮，如图6-71所示。

步骤02 进入"AI配旁白"界面，点击"上传素材"按钮，如图6-72所示。

步骤03 进入"最近项目"界面，❶在其中选择一段视频素材；❷点击"下一步"按钮，如图6-73所示。

步骤04 弹出相应面板，❶输入视频的主题"公园慢走"；❷点击"生成视频"按钮，如图6-74所示。

图 6-71　点击"AI配旁白"
按钮

图 6-72　点击相应的按钮

步骤05 稍等片刻，即可生成5段有旁白的视频，效果如图6-75所示，用户可以从中选择一段自己喜欢的视频。

图 6-73 点击"下一步"按钮　　图 6-74 点击"生成视频"按钮　　图 6-75 生成 5 段视频

步骤06 执行操作后，点击"导出"按钮，如图6-76所示。

步骤07 弹出"导出设置"面板，在其中点击"保存到本地"按钮，如图6-77所示，把视频导出至本地相册中。

步骤08 显示"导出成功"，表示视频已被保存至相册中，如图6-78所示。

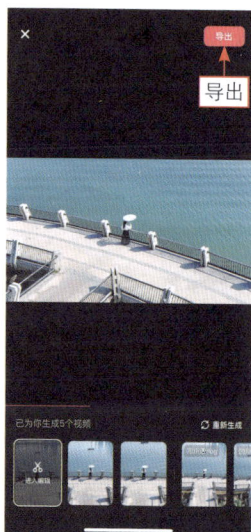

图 6-76 点击"导出"按钮　　图 6-77 点击"保存到本地"按钮　　图 6-78 显示"导出成功"

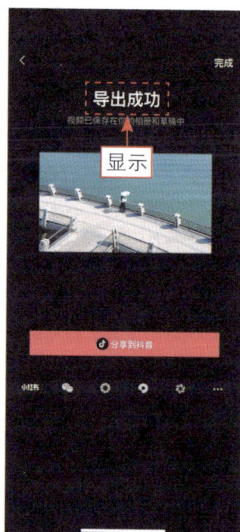

6.4.2 使用"AI故事成片"功能

扫码看教学视频

【效果展示】："AI故事成片"功能能够根据用户输入的主题和话题文字智能生成视频文案，并自动匹配视频素材、自动配音、配乐和配字幕，从而生成完整的视频，效果如图6-79所示。

图 6-79　效果展示

下面介绍在剪映手机版中使用"AI故事成片"功能的操作方法。

步骤01 打开剪映手机版，进入"剪辑"界面，点击"展开"按钮，在展开的功能面板中点击"AI故事成片"按钮，如图6-80所示。

步骤02 进入"AI故事成片"界面，点击"AI生成"按钮，如图6-81所示。

步骤03 弹出相应的界面，❶在文本框中输入相应的主题及核心要点；❷点击"生成文案"按钮，如图6-82所示。

图 6-80　点击"AI故事成片"按钮

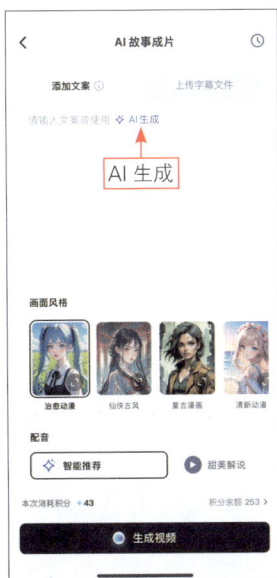

图 6-81　点击相应的按钮

图 6-82　点击"生成文案"按钮

步骤 04 稍等片刻，即可生成3段文案，点击"使用"按钮，如图6-83所示。

步骤 05 执行上述操作后，文案会自动添加至文本框中，效果如图6-84所示。

步骤 06 在"画面风格"选项区中选择"写实电影"选项，调整画面风格，如图6-85所示。

步骤 07 ❶ 在"视频比例"选项区中选择4∶3选项，改变视频画面比例；❷ 点击"生成视频"按钮，如图6-86所示。

步骤 08 稍等片刻，即可生成一段视频，点击"导出"按钮，如图6-87所示，导出视频。

图 6-83 点击"使用"按钮

图 6-84 文案自动添加至文本框中

图 6-85 选择相应的选项

图 6-86 点击"生成视频"按钮

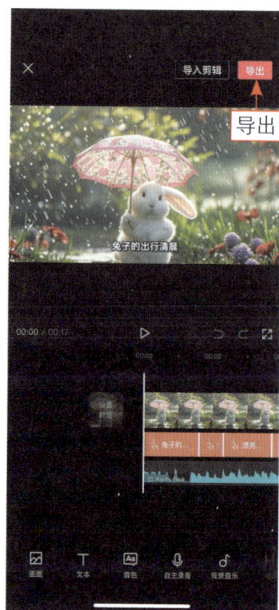

图 6-87 点击"导出"按钮

6.5　AI音效

在数字音频领域，克隆音色技术以其深度学习能力，可以精准捕捉并再现声音特征，实现了声音的无缝复制与传播。

6.5.1　使用AI克隆音色

在剪映手机版中，用户可以通过"克隆音色"功能来克隆自己的声音，仅需录制10秒人声，即可快速克隆专属音色。

扫码看教学视频

下面介绍在剪映手机版中录制人声的操作方法。

步骤 01 在剪映手机版中导入一段视频素材，在一级工具栏中，点击"音频"按钮，如图6-88所示。

步骤 02 在弹出的二级工具栏中，点击"克隆音色"按钮，如图6-89所示。

步骤 03 弹出"克隆音色"面板，点击"开始克隆"按钮，如图6-90所示，添加新的音色。

图 6-88　点击"音频"按钮　　图 6-89　点击"克隆音色"按钮　　图 6-90　点击"开始克隆"按钮

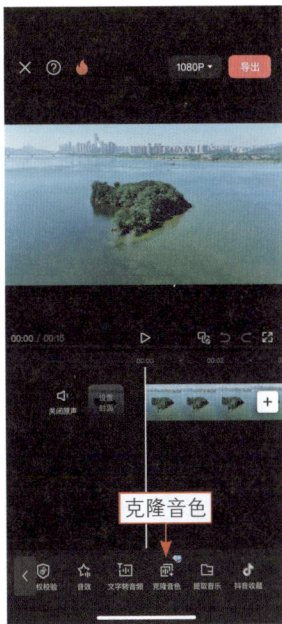

步骤 04 执行操作后，即可进入"录制音频"界面，点击"点击或长按进行录制"按钮，如图6-91所示。

步骤 05 用户朗读剪映随机生成的例句，朗读完成后，点击 ◉ 按钮，稍等片刻，即可生成自己的克隆音色，如图6-92所示。

图 6-91　点击"点击或长按进行录制"按钮

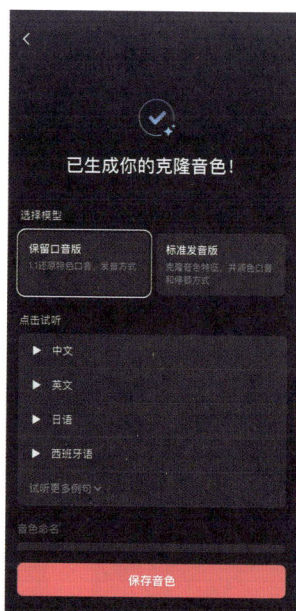

图 6-92　生成自己的克隆音色

6.5.2　使用AI改变音色

【效果展示】：如果用户对自己的原声音色不是很满意，或者想改变音频音色，就可以使用AI改变音频的音色，效果如图6-93所示。

扫码看教学视频

图 6-93　效果展示

下面介绍在剪映手机版中使用AI改变音色效果的操作方法。

步骤 01 在剪映手机版中导入视频素材，❶选择视频素材；❷点击"音频分离"按钮，如图6-94所示，把音频素材分离出来。

步骤 02 ❶选择音频素材; ❷点击"声音效果"按钮, 如图6-95所示。

步骤 03 ❶在"音色广场"选项卡中选择"沉稳男声"选项; ❷点击✓按钮, 如图6-96所示, 改变音频的音色效果。

图 6-94　点击"音频分离"按钮　　　图 6-95　点击相应的按钮　　　图 6-96　点击✓按钮

6.6　AI特效

本节将深入探讨剪映的AI特效应用, 引领大家领略其独特魅力。首先, 介绍AI特效的热门模型; 接着阐述如何通过提示词应用AI特效; 最后, 探索利用AI音乐制作歌曲的创新方式。通过这些内容, 全面展现剪映AI特效的强大功能。下面具体介绍AI特效的使用方法。

6.6.1　使用AI特效的热门模型

【效果对比】: 热门模型是很受欢迎的, 这种模型为用户提供了多样化的视觉效果, 还能根据用户的需求进行定制化的调整, 原图与效果对比如图6-97所示。

扫码看教学视频

103

图 6-97　原图与效果图对比

下面介绍在剪映手机版中使用AI特效的热门模型进行创作的操作方法。

步骤01 在剪映手机版中导入图片，点击"特效"按钮，如图6-98所示。

步骤02 在弹出的二级工具栏中，点击"AI特效"按钮，如图6-99所示。

步骤03 进入"热门"选项卡，❶选择"写实3D"选项；❷点击"生成"按钮，如图6-100所示。

图 6-98　点击"特效"按钮　　　图 6-99　点击"AI 特效"按钮　　　图 6-100　点击"生成"按钮

步骤04 进入"效果预览"界面，❶选择第1个选项；❷点击"应用"按钮，如图6-101所示，生成相应的图像。

步骤05 接下来添加背景音乐，在界面下方的一级工具栏中，点击"音频"按钮，如图6-102所示。

步骤06 在弹出的二级工具栏中，点击"音乐"按钮，如图6-103所示。

图6-101 点击"应用"按钮　　图6-102 点击"音频"按钮　　图6-103 点击"音乐"按钮

步骤07 ❶选择一首喜欢的音乐；❷点击"使用"按钮，如图6-104所示，添加背景音乐。

步骤08 ❶拖曳时间轴至视频末尾位置；❷点击"分割"按钮，分割音频；❸点击"删除"按钮，如图6-105所示，删除多余的音频。

步骤08 点击"导出"按钮，如图6-106所示，导出视频。

图6-104 点击"使用"按钮　　图6-105 点击"删除"按钮　　图6-106 点击"导出"按钮

6.6.2　使用AI特效的提示词效果

【效果对比】：自定义提示词功能赋予了视频创作者更大的灵活性和创造力。用户只需输入特定的关键词或短语，AI即可智能识别并触发一系列预设或自定义的视觉特效，从而快速实现复杂的视觉效果，效果如图6-107所示。

下面介绍在剪映手机版中通过提示词应用AI特效创作的操作方法。

步骤 01 打开剪映手机版，进入"剪辑"界面，点击"展开"按钮，展开功能面板，点击"AI特效"按钮，如图6-108所示。

步骤 02 进入"最近项目"界面，在其中选择一张图片，如图6-109所示，添加图片素材。

步骤 03 在"请输入提示词"面板中，❶点击空白处；❷点击✕按钮，如图6-110所示，清空面板。

图 6-107　原图与效果图对比

图 6-108　点击"AI 特效"按钮

图 6-109　选择一张图片

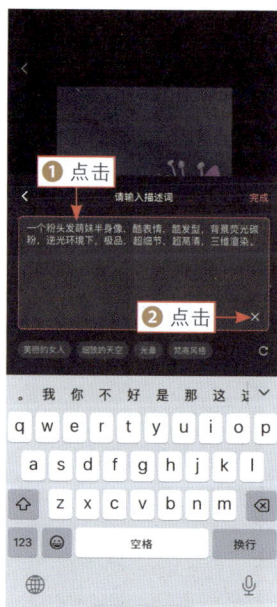

图 6-110　点击✕按钮

步骤 04 输入新的提示词，如图6-111所示。

步骤 05 ❶ 设置"强度"参数值为100，使效果更加接近提示词描述的效果；❷ 点击"立即生成"按钮，如图6-112所示，即可以图生图。

步骤 06 生成图片之后，点击"保存"按钮，如图6-113所示，即可保存图片。

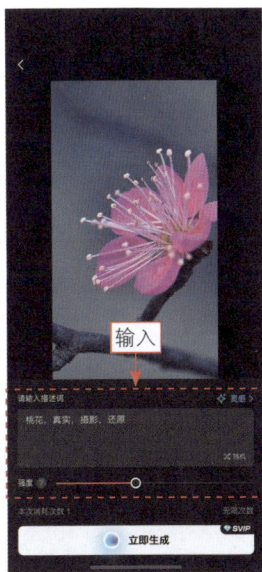

图 6-111 输入新的提示词　　图 6-112 点击"立即生成"按钮　　图 6-113 点击"保存"按钮

6.6.3 使用AI音乐制作歌曲效果

【效果对比】：用户只需简单描述想要表达的内容，剪映的"AI音乐"功能即可通过先进的人工智能技术为视频创作出专属的歌词和旋律，支持生成人声音乐和纯音乐两种类型，视频效果如图6-114所示。

扫码看教学视频

图 6-114 视频效果展示

下面介绍使用剪映手机版的"AI音乐"功能制作歌曲的操作方法。

步骤 01 ❶在剪映手机版中导入一段视频素材；❷点击"关闭原声"按钮，如图6-115所示，关闭视频原声。

步骤 02 依次点击"音频"和"AI音乐"按钮，如图6-116所示，弹出"AI音乐"面板。

步骤 03 在"音乐类型"选项区中选择"人声歌曲"选项，如图6-117所示，选择音乐类型。

图 6-115　点击"关闭原声"按钮　　图 6-116　点击相应的按钮　　图 6-117　选择"人声歌曲"选项

步骤 04 ❶在"描述你想要的音乐"文本框中输入"氛围感，慢音乐，女声"提示词；❷点击"开始生成"按钮，如图6-118所示，稍等片刻，即可生成音乐。

步骤 05 ❶在生成的3首歌曲中选择一首歌曲；❷点击右侧的"使用"按钮，如图6-119所示，即可为视频添加AI生成的音乐。

步骤 06 ❶将时间轴拖曳至视频末尾位置；❷选择音频；❸点击"分割"按钮，分割音频；❹点击"删除"按钮，删除多余的音频，如图6-120所示。

图 6-118　点击"开始生成"按钮　　图 6-119　点击"使用"按钮　　图 6-120　点击"删除"按钮

本章小结

　　本章首先介绍了利用AI创作文案的技巧，包括文案推荐和视频讲解文案两种方式；接着讲解了AI作图功能，从自定义提示词到通用模型的应用，以及画面尺寸调整；然后介绍了AI剪辑技术，如智能识别字幕和歌词，以及智能调色；最后介绍了AI配音和音效处理，以及AI特效的应用，全面展示了剪映AI功能在视频制作中的多样化应用。

课后实训

　　以下是精心设计的课后实训项目，旨在通过实践加深读者对知识点的理解和记忆。请认真参与每项练习，以实现知识的内化和应用。

扫码看教学视频

　　【实训任务】：通过自定义模型，用户能够触发独特的视觉特效，将个人创意融入视频中，实现高度定制化的视觉效果。这种灵活性不仅提升了创作的自由度，也为视频内容增添了无限可能。请使用剪映手机版的AI特效功能，为一张照片素材应用自定义模型，制作出漫画风格效果，原图与效果对比如图6-121所示。

图 6-121　原图与效果图对比

下面介绍在剪映手机版中使用自定义模型制作漫画风格效果的操作方法。

步骤 01　在剪映手机版中导入图片，点击"特效"按钮，如图6-122所示。

步骤 02　在弹出的二级工具栏中，点击"AI特效"按钮，如图6-123所示。

步骤 03　进入"灵感"界面，❶切换至"自定义"界面；❷选择一个合适的模板，如"破次元壁"；❸输入提示词，如图6-124所示。

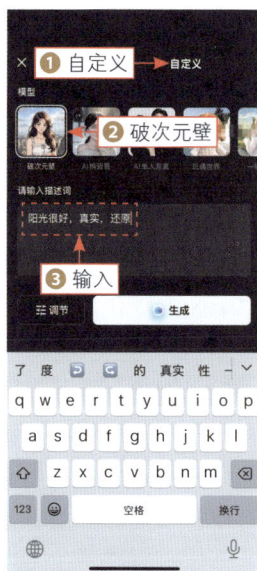

图 6-122　点击"特效"按钮　　图 6-123　点击"AI 特效"按钮　　图 6-124　输入提示词

步骤 04　点击"生成"按钮，如图6-125所示，生成相应的图像。

步骤 05　进入"效果预览"界面，❶选择第3个选项；❷点击"应用"按钮，如图6-126所示，确认图像。

步骤 06　接下来添加背景音乐，在界面下方的一级工具栏中，点击"音频"

按钮，如图6-127所示。

步骤06 显示二级工具栏，点击"音乐"按钮，如图6-128所示。

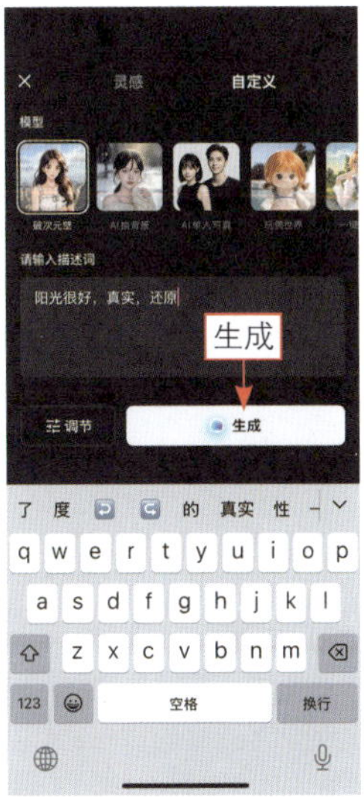

图 6-125　点击"生成"按钮 　　图 6-126　点击"应用"按钮 　　图 6-127　点击"音频"按钮

步骤07 进入"音乐"界面，❶选择一首喜欢的歌曲，进行试听，如果对歌曲满意；❷点击"使用"按钮，如图6-129所示，使用音乐。

步骤08 ❶拖曳时间轴至视频末尾位置；❷点击"分割"按钮，分割多余的音频；❸点击"删除"按钮，如图6-130所示，删除多余的音频。

图 6-128　点击"音乐"按钮 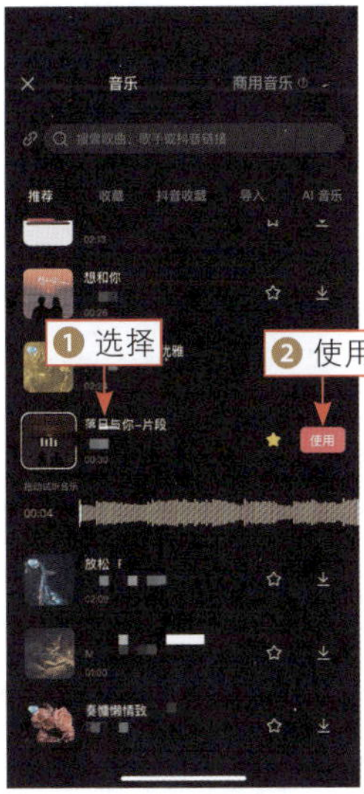　　图 6-129　点击"使用"按钮 　　图 6-130　点击"删除"按钮

第 7 章　剪映的高阶用法

通过学习前面章节的知识，相信大家已掌握剪映的基础功能，本章将带领大家深入探索剪映的高阶用法。从蒙版技巧到关键帧动画，再到抠图和变速技术，每一节都旨在提升视频的专业度和创意表达。学会运用这些高级技巧，大家一定可以打造出更具吸引力的视频作品。

7.1　蒙版的两种用法

本节将聚焦蒙版功能，这是视频制作中用于增加视觉层次和创意表达的重要工具。接下来将介绍两种蒙版用法，从划屏调色对比到文字分割文字，这些技巧将助力增加视频内容的深度和复杂性，为观众带来更加丰富和动态的视觉体验。

7.1.1　蒙版1：划屏调色对比

【效果展示】：运用蒙版功能，可以做出划屏对比视频，制作具有色彩反差的转场效果，实用性非常强，效果如图7-1所示。

扫码看教学视频

图 7-1　效果展示

下面介绍在剪映手机版中运用蒙版制作划屏调色对比效果的操作方法。

步骤01 在剪映手机版中，导入两段一样的视频，❶选择第1段视频；❷点击"切画中画"按钮，如图7-2所示，将第1段视频切换至画中画轨道。

步骤02 ❶选择视频轨道中的视频；❷点击"滤镜"按钮，如图7-3所示。

步骤03 ❶在"风景"选项卡中选择"鲜明Ⅱ"滤镜；❷设置参数值为100，如图7-4所示，为视频添加滤镜。

步骤04 ❶选择画中画轨道中的视频；❷在起始位置点击◇按钮，添加关键帧；❸点击"蒙版"按钮，如图7-5所示，弹出"蒙版"面板。

步骤05 ❶选择"线性"蒙版；❷调整蒙版线的角度和位置，使其旋转90°并处于画面最左边，如图7-6所示。

图7-2 点击"切画中画"按钮 　图7-3 点击"滤镜"按钮 　图7-4 设置滤镜参数

步骤06 ❶拖曳时间轴至视频第5s左右的位置；❷调整蒙版线的位置，使其处于画面最右边，如图7-7所示，这样就能实现划屏对比效果。

图7-5 点击"蒙版"按钮 　图7-6 调整蒙版线的角度和位置 　图7-7 调整蒙版线的位置

7.1.2　蒙版2：文字分割文字

【效果展示】：直接制作的文字是无法添加蒙版的，但对文字视频可以通过添加蒙版，制作出新奇有趣的文字上下分割效果，效果如图7-8所示。

图 7-8　效果展示

下面介绍在剪映手机版中运用蒙版制作文字分割文字效果的操作方法。

步骤01 在剪映手机版中，导入一段黑底素材，添加一个时长为3s、"字号"为56的文本，如图7-9所示，将文字视频导出备用。

步骤02 新建一个草稿文件，在视频轨道中导入添加视频素材，新建一个文本，❶输入正文内容；❷选择一个字体；❸调整文本的大小和位置，如图7-10所示。

步骤03 ❶切换至"样式"选项卡；❷选择一个预设样式，如图7-11所示。

步骤04 在"动画"选项卡中，❶选择"随机弹跳"入场动画；❷设置动画时长为3.0s，如图7-12所示，为文本添加动画效果。

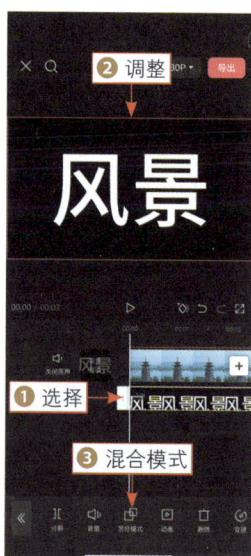

图 7-9 "字号"参数为 56　　图 7-10 调整文本的大小和位置　　图 7-11 选择一个样式

步骤 05 在视频起始位置导入前面导出的文字视频，选择文字视频，点击"切画中画"按钮，将其切换到画中画轨道中，❶选择文字视频；❷调整画面大小；❸点击"混合模式"按钮，如图7-13所示。

步骤 06 在"混合模式"面板中，选择"滤色"选项，如图7-14所示，去除文字视频的黑底。

图 7-12 设置动画时长　　图 7-13 点击"混合模式"按钮　　图 7-14 选择"滤色"选项

步骤07 ❶点击◈按钮添加一个关键帧；❷点击"蒙版"按钮，如图7-15所示。

步骤08 在"蒙版"面板中，❶选择"镜面"蒙版；❷调整蒙版的宽度；❸点击"反转"按钮，反转蒙版的显示区域，如图7-16所示，拖曳时间轴至相应的位置。

步骤09 再次调整蒙版，如图7-17所示。

图 7-15 点击"蒙版"按钮　　图 7-16 点击"反转"按钮　　图 7-17 调整蒙版的大小

7.2 关键帧的两种用法

在剪映手机版中，关键帧按钮以◈符号出现，拖曳时间轴至相应位置，点击该按钮即可添加关键帧。本节将介绍在剪映手机版中两种关键帧的玩法，以视频剪辑高手为导向，为大家提供关键帧的操作方法详解和剪辑思路。

7.2.1 用法1：歌词逐句凸显

【效果展示】：在剪映手机版中运用关键帧和"卡拉OK"动画可以制作出歌词逐字凸显，并展示在画面中的效果，如图7-18所示。

扫码看教学视频

图 7-18　效果展示

下面介绍在剪映手机版中制作歌词逐句凸显效果的操作方法。

步骤01 在剪映手机版中点击"开始创作"按钮，❶导入视频素材；❷点击"文本"按钮，如图7-19所示。

步骤02 显示二级工具栏，点击"识别歌词"按钮，如图7-20所示。

步骤03 在"识别歌词"面板中，点击"开始匹配"按钮，稍等片刻，即可生成歌词文本，如图7-21所示。

图 7-19　点击"文本"按钮　　图 7-20　点击"识别歌词"按钮　　图 7-21　生成歌词文本

步骤04 ❶选择第3段文字；❷点击"删除"按钮，删除多余的文字，如图7-22所示，选择视频素材，点击"分割"按钮，分割视频，再点击"删除"按钮，删除多余的视频。

步骤05 ❶将第2句歌词文本平移至第2条字幕轨道中；❷调整第1句歌词文本的时长，使其结束位置与视频的结束位置对齐，如图7-23所示。

步骤06 ①选择第1句歌词文本；②点击"编辑字幕"按钮，如图7-24所示。

图 7-22　点击"删除"按钮　　　图 7-23　调整第 1 句歌词文本的时长　　　图 7-24　点击相应的按钮

步骤07 弹出"编辑字幕"面板，选择第1段文字，点击Aa按钮，弹出的相应面板，选中"应用到所有歌词"复选框，如图7-25所示。

步骤08 在"字体"选项卡中，选择一个字体，如图7-26所示。

步骤09 ①切换至"样式"选项卡；②设置"字号"参数为10，如图7-27所示。

图 7-25　选中"应用到所有歌词"　　　图 7-26　选择一个字体　　　图 7-27　设置"字号"参数
复选框

步骤 10 在"排列"选项卡中设置"字间距"参数为4，如图7-28所示，让文字间隔稍微大一点。

步骤 11 ❶切换至"花字"选项卡；❷在"收藏"选项卡中选择一个花字样式，如图7-29所示，更改文字样式。

图7-28 设置"字间距"参数

图7-29 选择一个花字样式

步骤 12 选择第1句歌词，点击"动画"按钮，如图7-30所示。

步骤 13 在"动画"选项卡中，❶选择"卡拉OK"入场动画；❷选择白色色块，使文字动画覆盖时呈白色；❸调整动画时长为4.9s，如图7-31所示。

步骤 14 用同样的方法为第2句歌词设置相同的动画和色块，如图7-32所示，默认动画时长为最长。

图7-30 点击"动画"按钮

图7-31 调整动画时长

步骤 15 ❶返回上一级面板并拖曳时间轴至第1句歌词动画结束的位置；❷点击关键帧按钮◇，如图7-33所示，添加一个关键帧。

步骤 16 ❶拖曳时间轴至第2句歌词的开始位置；❷将第1句歌词向上移动，如图7-34所示，应用自动添加第2个关键帧，将第2段文字调整至第1段文字下方。

步骤 17 点击"导出"按钮，导出视频，如图7-35所示。至此，即可完成歌词逐句显示的制作。

图 7-32　设置相同的动画和色块

图 7-33　点击关键帧按钮◇

图 7-34　将第 1 句歌词向上移动

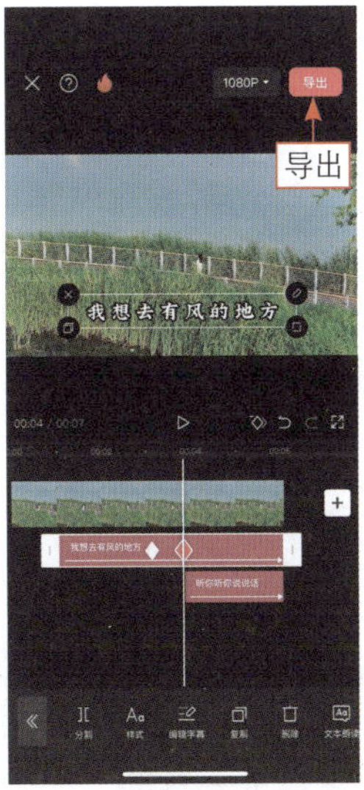

图 7-35　点击"导出"按钮

7.2.2　用法2：三屏合一片头

【效果展示】：三屏合一开场主要是把3个视频中的画面放在一起展示出来，这三屏画面可以是同一个视频中的，分区显现即可，效果如图7-36所示。

扫码看教学视频

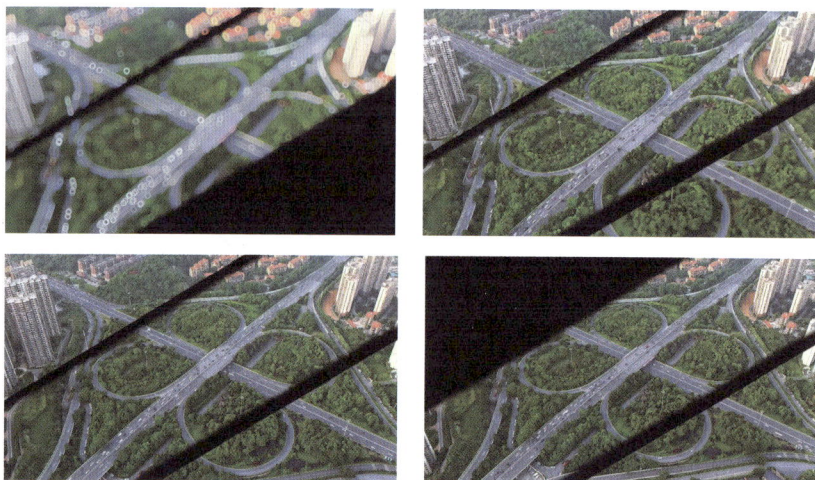

图 7-36　效果展示

下面介绍在剪映手机版中运用蒙版制作三屏合一片头的操作方法。

步骤01 在剪映手机版中导入3段一样的视频，❶选择第2段素材视频；❷点击"切画中画"按钮，如图7-37所示，把素材切换至画中画轨道中。

步骤02 把第3段素材视频切换至画中画轨道中，并调整时长，使每段素材视频的起始位置间隔为1s左右，如图7-38所示。

步骤03 ❶选择视频轨道中的素材；❷点击"蒙版"按钮，如图7-39所示。

图 7-37　点击"切画中画"按钮　　图 7-38　调整视频时长　　图 7-39　点击"蒙版"按钮

步骤 **04** ❶选择"镜面"蒙版；❷调整蒙版的位置和角度，如图7-40所示。

步骤 **05** 用同样的方法为剩下的素材添加蒙版，并调整其位置，如图7-41所示。

步骤 **06** ❶选择第2条画中画轨道中的素材；❷点击"动画"按钮，如图7-42所示，进入"入场动画"选项卡。

图 7-40　调整蒙版的位置和角度　　图 7-41　调整蒙版位置　　图 7-42　点击"动画"按钮

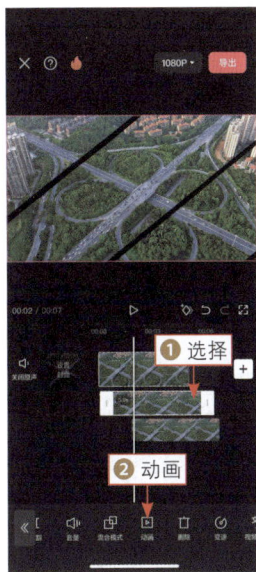

步骤 **07** 选择"左右抖动"动画，如图7-43所示，为其他素材设置相同的动画。

步骤 **08** 返回工具栏，在视频的起始位置，点击"特效"按钮，如图7-44所示，显示二级工具栏，点击"画面特效"按钮。

步骤 **09** ❶切换至"基础"选项卡；❷选择"泡泡变焦"特效，如图7-45所示。

步骤 **10** ❶调整特效的时长约为2s；❷点击"作用对象"按钮，如图7-46所示。

步骤 **11** 在"作用对象"面板中选择全局选项█，如图7-47所示，将特效应用到全部片段。

步骤 **12** 依次选择第2段视频和第3段视频，点击"音量"按钮，把音量调最小，如图7-48所示，让视频只保留第1段视频的音频。

图 7-43　选择"左右抖动"动画

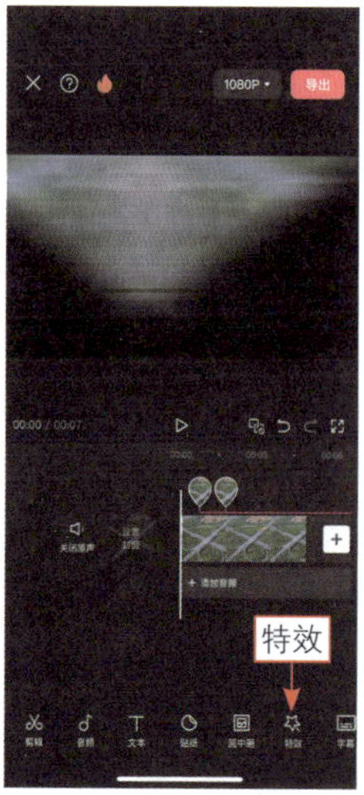

图 7-44　点击"特效"按钮

图 7-45　选择"泡泡变焦"特效

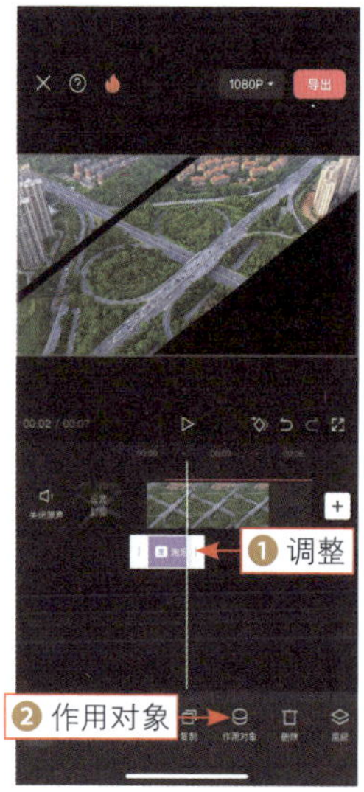

图 7-46　点击"作用对象"按钮

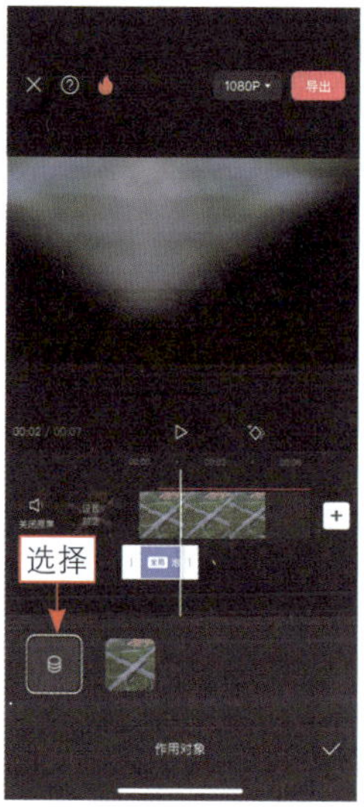

图 7-47　选择全局选项

图 7-48　把音量调最小

7.3　抠图的两种方式

在剪映手机版的编辑技巧中，抠图是提升视频创意的重要环节。本节将详细介绍两种抠图方式，包括出场人物介绍和穿越手机换景的高级技巧，这些方法将帮助视频用户实现更加精细和富有创意的视觉呈现。

7.3.1　方式1：出场人物介绍

【效果展示】：通过"智能抠像"功能可以对定格画面中的人物进行抠像，然后再更改画面背景、添加人物介绍说明文字和音效，从而制作出角色出场介绍，效果如图7-49所示。

图7-49　效果展示

下面介绍在剪映手机版中制作出场人物介绍效果的操作方法。

步骤01 ❶在剪映手机版中导入并选择1段人物视频素材；❷拖曳时间轴至合适的位置；❸依次点击"编辑"和"调整大小"按钮，如图7-50所示。

步骤02 在"裁剪比例"选项区中选择1.85：1选项，裁剪视频画面尺寸，如图7-51所示。

步骤03 ❶选择视频素材；❷点击"音频分离"按钮，如图7-52所示，将视频的声音分离出来。

图7-50　点击"调整大小"按钮　　图7-51　选择1.85：1选项　　图7-52　点击"音频分离"按钮

步骤 04 ❶再次选择视频素材；❷拖曳时间轴至合适的位置；❸点击"定格"按钮，如图7-53所示，生成定格片段，调整其结束位置使其与音频素材的结束位置对齐。

步骤 05 ❶选择定格片段后面的视频素材；❷点击"删除"按钮，如图7-54所示，将多余的视频素材删除。

步骤 06 ❶选择定格片段；❷依次点击"抠像"和"智能抠像"按钮，如图7-55所示，稍等片刻，即可将视频中的人物抠选出来。

图 7-53　点击"定格"按钮

图 7-54　点击"删除"按钮

步骤 07 返回一级工具栏，点击"背景"按钮，在二级工具栏中，点击"画布样式"按钮，如图7-56所示。

步骤 08 进入相应的界面，❶选择一个画布样式，改变定格画面的背景样式；❷调整人像的位置，如图7-57所示。

图 7-55　点击"智能抠像"按钮　　图 7-56　点击"画布样式"按钮　　图 7-57　选择一个画布样式

步骤 09 返回一级工具栏，依次点击"文本"和"新建文本"按钮，如图7-58

所示。

步骤10 输入文字内容，如图7-59
所示，为视频添加文字。

步骤11 ❶切换至"样式"选项
卡；❷选择一个合适的预设样式；
❸在预览区域中调整文字的大小和
位置，如图7-60所示。

步骤12 ❶切换至"动画"选
项卡；❷在"入场"选项卡中选择
"打字机Ⅱ"入场动画；❸拖曳滑
块至2.0s，设置动画时长，如图7-61
所示，点击 ✓ 按钮。

步骤13 调整文本时长与定格片
段的时长一致，如图7-62所示。

图 7-58 点击"新建文本"
按钮

图 7-59　输入文字内容

图 7-60　调整文字的大小和位置

图 7-61　拖曳滑块至 2.0s

图 7-62　调整文本时长

步骤14 返回一级工具栏，在定格片段的起始位置，依次点击"音频"和
"音效"按钮，即可进入音效素材库，❶切换至"乐器"选项卡；❷点击相应
音效右侧的"使用"按钮，如图7-63所示，即可为视频添加一段音效。

步骤15 在音效素材结束的位置，❶选择定格片段；❷点击"分割"按钮，分割出多余的定格片段；❸点击"删除"按钮，如图7-64所示，将其删除。用同样的方法，分割并删除多余的音频片段。

图 7-63　点击相应的按钮

图 7-64　点击"删除"按钮

7.3.2　方式2：穿越手机换景

【效果展示】：运用"色度抠图"功能可以套用很多素材，比如穿越手机这个素材，可以在镜头慢慢推近手机屏幕后，进入全屏状态穿越至手机中的世界，效果如图7-65所示。

扫码看教学视频

图 7-65　效果展示

下面介绍在剪映手机版中制作穿越手机换景效果的操作方法。

步骤 01 在剪映手机版中，导入1段绿幕素材和1段背景素材，将绿幕素材切换至画中画轨道，如图7-66所示。

步骤 02 依次点击"抠像"和"色度抠图"按钮，进入相应的界面，在预览区域中拖曳取色器，取样画面中的绿色，如图7-67所示。

步骤 03 ❶选择"强度"选项；❷拖曳滑块，设置其参数值为35，如图7-68所示，增加抠图强度。

步骤 04 用与上面相同的方法，设置"阴影"参数值为100，如图7-69所示，去除绿幕素材中的阴影部分，优化抠图效果。

步骤 05 完成抠图后，即可查看视频效果，如图7-70所示，完成穿越手机换景的效果。

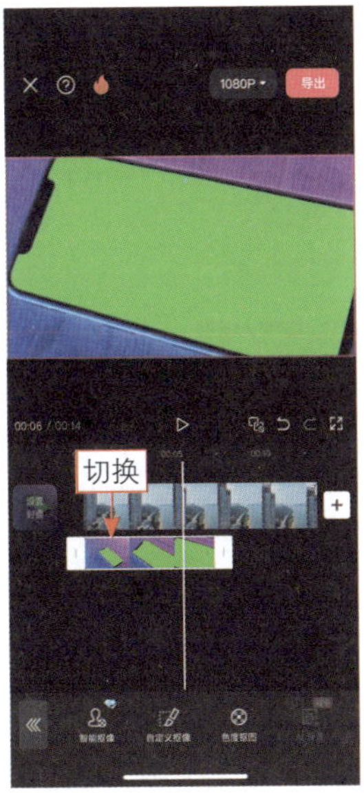

图 7-66　将绿幕素材切换至画中画轨道

图 7-67　取样画面中的绿色

图 7-68　设置"强度"参数

图 7-69　设置"阴影"参数

图 7-70　查看效果

7.4 变速的两种方法

本节将介绍变速的方法，这是增强视频节奏感和动态效果的关键。包括自动变速和快速的场景切换，这些技巧将帮助用户在讲述故事时更加灵活地控制时间感，为观众带来更加丰富的视觉体验。

7.4.1 方法1：自动变速效果

【效果展示】：在一段视频中，用户可以运用"曲线变速"功能调整视频不同位置的播放速度，从而制作出有快慢变化的坡度变速效果，效果如图7-71所示。

扫码看教学视频

下面介绍在剪映手机版中制作自动变速效果的操作方法。

步骤01 在剪映手机版中导入1段视频素材，❶点击"关闭原声"按钮，关闭视频的原声；❷选择视频素材；❸点击"变速"按钮，如图7-72所示，显示二级工具栏。

步骤02 点击"曲线变速"按钮，进入"曲线变速"面板，选择"子弹时间"选项，如图7-73所示，为视频添加子弹时间变速效果。

图 7-71 效果展示

步骤03 点击"导出"按钮，如图7-74所示，导出视频。

图 7-72 点击"变速"按钮 　图 7-73 选择"子弹时间"选项 　图 7-74 点击"导出"按钮

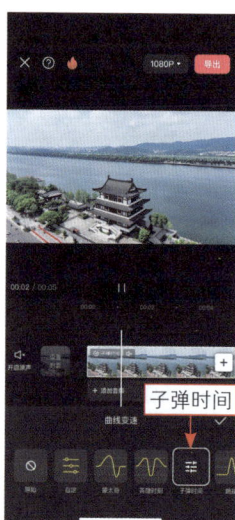

7.4.2 方法2：极速切换场景

【效果展示】：通过应用"曲线变速"功能中的"闪出"效果，可以实现视频画面的快速切换，让视频能够迅速而平滑地跳转到下一个场景，效果如图7-75所示。

图 7-75　效果展示

下面介绍在剪映手机版中制作极速切换场景效果的操作方法。

步骤01 在剪映手机版中导入两段视频素材，如图7-76所示。

步骤02 ❶选择第1段素材；❷依次点击"变速"和"曲线变速"按钮，如图7-77所示。

步骤03 ❶在"曲线变速"面板中选择"闪出"选项；❷点击 按钮，如图7-78所示。

图 7-76　导入两段视频素材　　图 7-77　点击"曲线变速"按钮　　图 7-78　点击 按钮

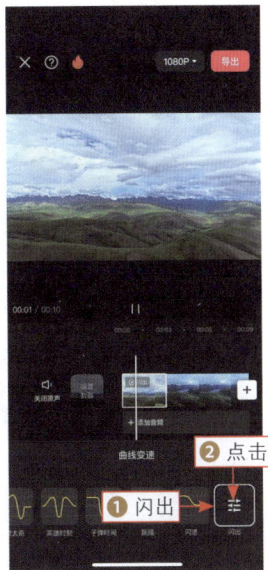

步骤 04 弹出"闪出"编辑面板，将第3个和第4个变速点拖曳至第1条线上，调整其位置，如图7-79所示，加快第1段视频素材后半段的播放速度。

步骤 05 点击 ✓ 按钮，退出"闪出"编辑面板，❶拖曳时间轴至第2段素材的位置；❷选择"闪出"选项；❸点击 ☰ 按钮，如图7-80所示。

步骤 06 在"闪出"编辑面板中将第1个和第2个变速点拖曳至第1条线上，并调整其位置，如图7-81所示，让视频的切换更顺滑。

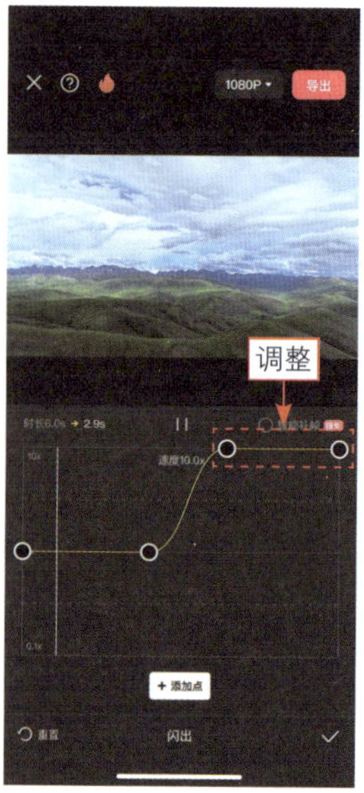

图 7-79　调整变速点的位置

图 7-80　点击 ☰ 按钮

步骤 07 返回一级工具栏，在视频起始位置，❶点击"关闭原声"按钮；❷依次点击"音频"和"音乐"按钮，如图7-82所示，进入"音乐"界面。

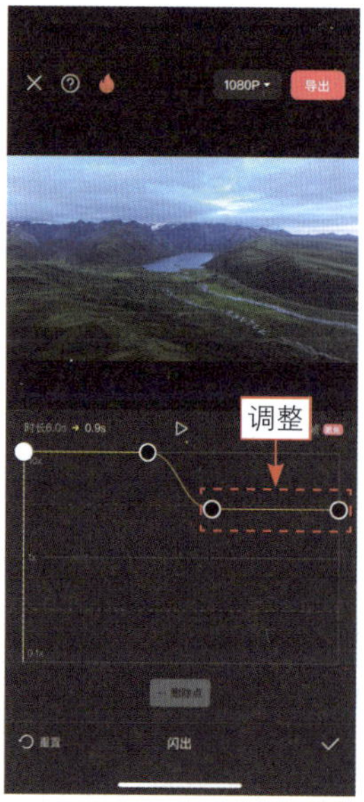

图 7-81　调整变速点的位置

图 7-82　点击"音乐"按钮

步骤 08 选择"卡点"选项，进入"卡点"界面，点击所选音乐右侧的"使用"按钮，如图7-83所示，将音乐添加到轨道中。

步骤 09 调整音乐的时长，如图7-84所示。

图 7-83　点击"使用"按钮

图 7-84　调整音乐的时长

本章小结

本章首先介绍了剪映中蒙版的应用技巧，包括划屏调色对比和文字分割文字；接着讲解了关键帧的用法，如歌词逐句凸显和三屏合一片头；然后介绍了抠图的多种方式，如出场人物介绍和穿越手机换景；最后介绍了变速效果的实现方法，包括自动变速和极速切换场景。

课后实训

以下是精心设计的课后实训项目，旨在通过实践加深读者对知识点的理解和记忆。请认真参与每项练习，以实现知识的内化和应用。

扫码看教学视频

【实训任务】："节拍"是剪映手机版中一个可以一键标出节拍点的功能，能够帮助用户快速制作出卡点视频。请运用剪映手机版制作自动节拍卡点视频，效果如图7-85所示。

图 7-85　效果展示

下面介绍在剪映手机版中制作自动节拍卡点视频的操作方法。

步骤01 ❶在剪映手机版中导入9张照片；❷添加相应的背景音乐，如图7-86所示，为视频添加音乐。

步骤02 ❶选择音频素材；❷点击"节拍"按钮，如图7-87所示。

步骤03 进入"节拍"面板，点击"自动踩点"按钮，如图7-88所示。

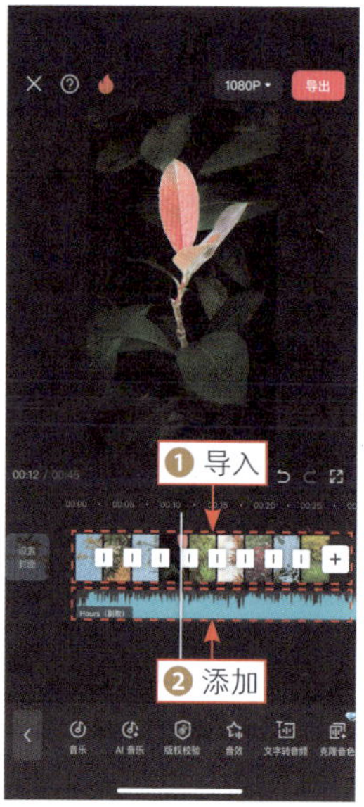

图 7-86　添加背景音乐 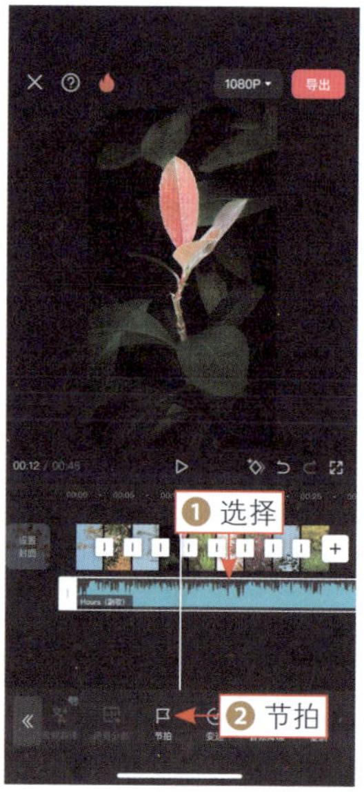　　　图 7-87　点击"节拍"按钮 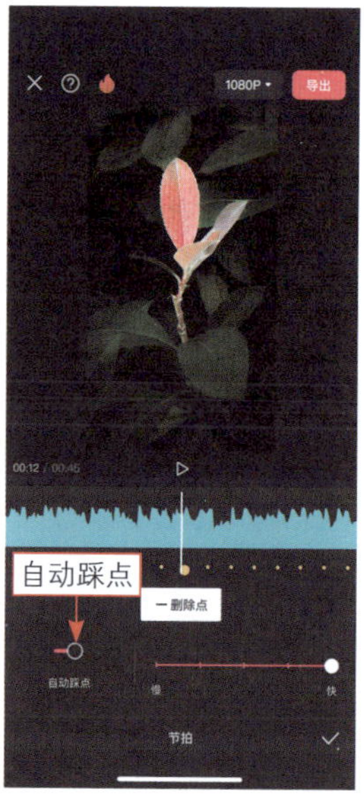　　　图 7-88　点击"自动踩点"按钮

步骤04 执行操作后，即可在音乐鼓点的位置生成对应的节拍点，如图7-89所示，点击✔️按钮，退出"节拍"面板。

步骤 05 拖曳第1张照片右侧的白色拉杆，使其与音频上的第3个节拍点对齐，调整其时长，如图7-90所示。

步骤 06 用与上面相同的方法，调整另外8张照片的时长，使其与相应的节拍点对齐，如图7-91所示，并删除多余的音频。

步骤 07 ❶拖曳时间轴至起始位置；❷点击"特效"按钮，如图7-92所示。

步骤 08 点击"画面特效"按钮，进入特效素材库，❶切换至"金粉"选项卡；❷选择"粉色闪粉"特效，如图7-93所示。

图 7-89　生成对应的节拍点

图 7-90　调整第 1 张照片时长

图 7-91　调整其他照片的时长

图 7-92　点击"特效"按钮

图 7-93　选择"粉色闪粉"特效

步骤 09 点击 ✓ 按钮，调整特效时长，使其与第1张照片的时长一致，如图7-94所示。

步骤 10 执行操作后，为其他8张照片添加同样的特效，❶选择第1张照片；

❷点击"动画"按钮，如图7-95所示。

步骤 11 在"入场动画"选项卡中，选择"雨刷"动画，如图7-96所示，用同样的方法，为其他照片添加"雨刷"动画。

图 7-94　调整特效时长　　　图 7-95　点击"动画"按钮　　　图 7-96　选择"雨刷"动画

第 8 章　电脑版的综合案例

本章将通过一个综合案例，对剪映电脑版的视频编辑功能进行详细介绍。从效果欣赏到制作过程，每一步骤都详细解析，包括AI文案生成、音频与视频素材的制作与编辑，字幕、动画和转场效果的添加，直至最终导出成品视频，让用户全面掌握剪映电脑版的高级应用。

8.1 《星城风光》效果欣赏

【效果展示】：本案例的主题是介绍长沙各地风景，用户根据文案内容，使用文生视频生成相应的画面，就能在剪映中进行再次加工，制作出动态的视频，效果如图8-1所示。

扫码看案例效果

漫步于星城长沙 每一处都是风光旖旎的画卷

江景如诗 碧波荡漾 映照着古城悠悠的韵味

天际染上一抹绚烂的黄色

长沙 这座星城 用它独有的方式

图8-1　效果展示

8.2 《星城风光》制作过程

本节主要介绍使用剪映电脑版制作综合案例《星城风光》的过程，包括利用AI生成文案、设置配音音色、生成视频素材、替换视频素材、编辑字幕效果、添加动画效果和添加转场效果的操作方法。

8.2.1 利用AI生成文案

在剪映电脑版中，使用"图文成片"功能生成文案，用户可以对其进行复制与更改。如果用户对生成的文案不满意，也可以重新生成，直到生成出满意的文案为止。

扫码看教学视频

下面介绍在剪映电脑版中文案的操作方法。

步骤01 进入剪映电脑版首页，单击"图文成片"按钮，如图8-2所示。

步骤02 弹出"图文成片"面板，单击"自由编辑文案"按钮，如图8-3所示。

图 8-2　单击"图文成片"按钮

图 8-3　单击"自由编辑文案"按钮

步骤 03 单击"智能写文案"按钮，如图8-4所示。

步骤 04 默认选中"自定义输入"单选按钮，❶ 输入"写一篇关于介绍长沙风景的文案，200字"；❷ 单击 → 按钮，如图8-5所示。

图 8-4　单击"智能写文案"按钮

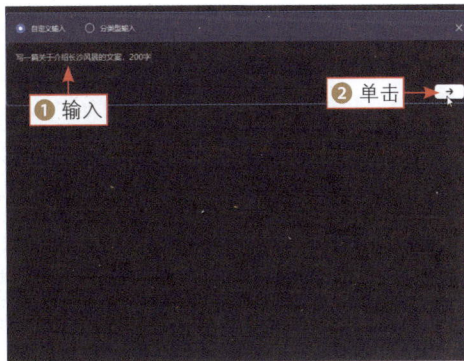

图 8-5　单击 → 按钮

步骤 05 稍等片刻，即可生成文案，单击"确认"按钮，如图8-6所示，将文案填入文本框中。由于剪映每次生成的文案都会有差别，用户在操作的时候，生成的文案可能与下图的文案内容有区别，大家可以根据实际情况进行调整，制作思路是相同的。

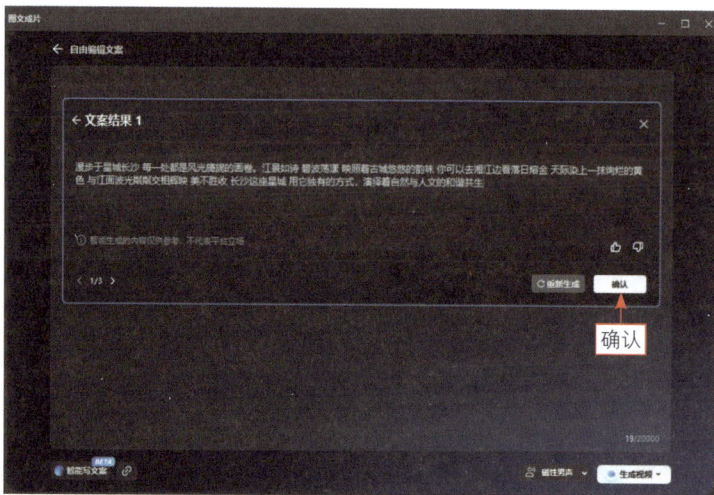

图 8-6　单击"确认"按钮

8.2.2　设置配音音色

在生成视频的时候，用户可以设置配音音频的朗读人声，在宣传视频中，可以选择一些感情充沛的朗读人声进行设置。

下面介绍在剪映电脑版中设置配音音色的操作方法。

步骤 01　单击配音音色右侧的展开按钮，如图8-7所示。

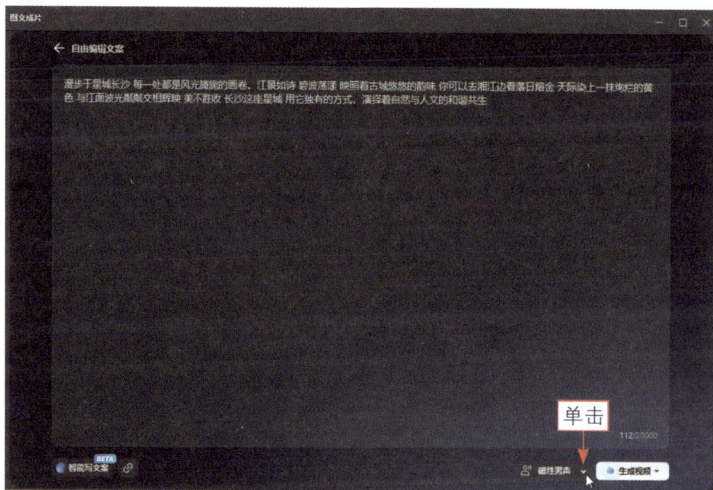

图 8-7　单击相应的按钮

步骤02 在弹出的列表中选择"甜美解说"选项，如图8-8所示，更改朗读人声。

图 8-8　选择"甜美解说"选项

8.2.3　生成视频素材

智能匹配素材功能通过简化视频编辑流程，帮助用户更高效地制作出高质量的视频内容，同时提供个性化和创意化的编辑体验。

扫码看教学视频

下面介绍在剪映电脑版中生成视频素材的操作方法。

步骤01 ❶单击"生成视频"按钮；❷在弹出的"请选择成片方式"列表中，选择"智能匹配素材"选项，如图8-9所示。

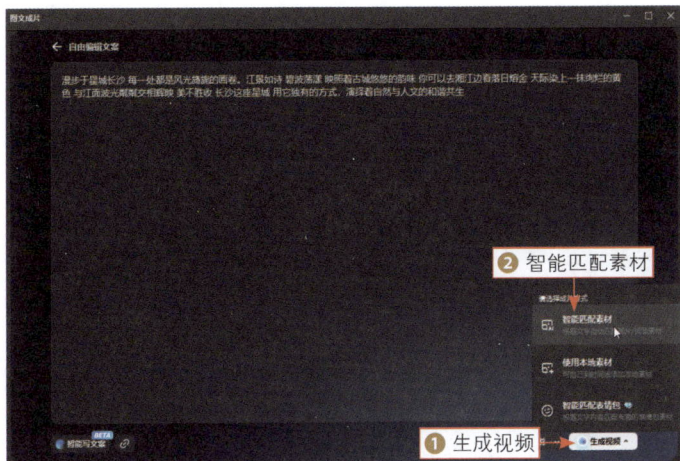

图 8-9　选择"智能匹配素材"选项

141

步骤 02 弹出视频生成进度提示，如图8-10所示。

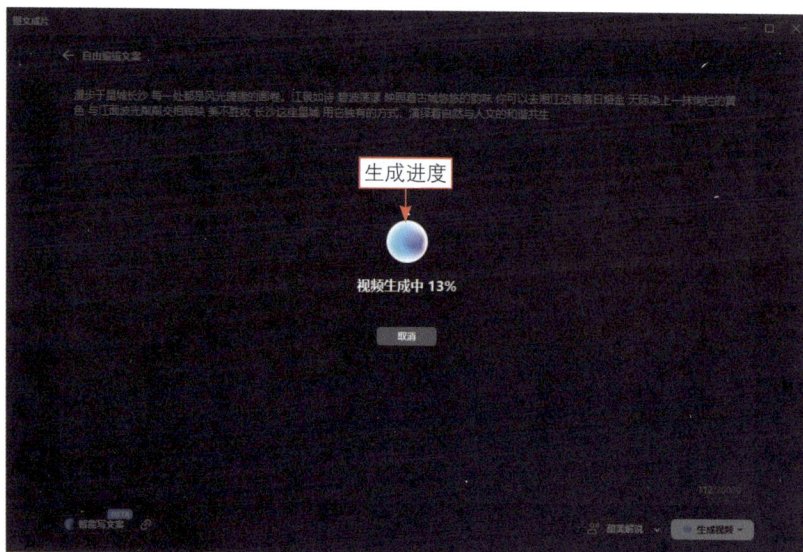

图 8-10　弹出视频生成进度提示

步骤 03 稍等片刻，即可生成视频，如图8-11所示。

图 8-11　生成视频

8.2.4　替换视频素材

为了让视频画面与文字更加匹配，可以替换部分素材，并进行编辑处理，让画面更好看，从而实现音画和谐统一。

下面介绍在剪映电脑版中替换视频素材的操作方法。

步骤 01 进入"媒体"功能区，在"导入"选项卡的"素材"界面中单击"导入"按钮，如图8-12所示。

扫码看教学视频

步骤 **02** 弹出"请选择媒体资源"对话框，在相应的文件夹中，❶按【Ctrl+A】组合键全选所有的素材；❷单击"打开"按钮，如图 8-13 所示，导入素材。

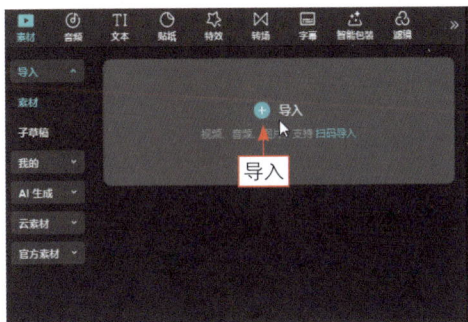

图 8-12　单击"导入"按钮

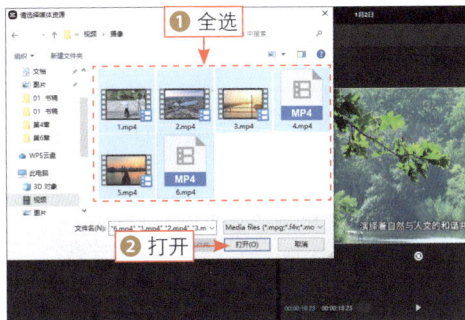

图 8-13　单击"打开"按钮

步骤 **03** 在"素材"界面，选择序号 1 素材，如图 8-14 所示。

步骤 **04** 将序号 1 素材拖曳至第 1 段素材的上方，如图 8-15 所示，并释放鼠标。

图 8-14　选择序号 1 素材

图 8-15　拖曳至第 1 段素材的上方

步骤 **05** 弹出"替换"对话框，预览所选片段，单击"替换片段"按钮，如图 8-16 所示，替换素材。

步骤 **06** 下面用第 2 段素材介绍另外一种替换方法，在第 2 段素材上单击鼠标右键，在弹出的快捷菜单中选择"替换片段"命令，如图 8-17 所示。

步骤 **07** 弹出"请选择媒体资源"对话框，在相应的文件夹中，❶选择序号 2 素材；❷单击"打开"按钮，如图 8-18 所示。

步骤 **08** 弹出"替换"对话框，预览所选片段，单击"替换片段"按钮，如图 8-19 所示，替换素材。

图 8-16 单击"替换片段"按钮

图 8-17 选择"替换片段"选项

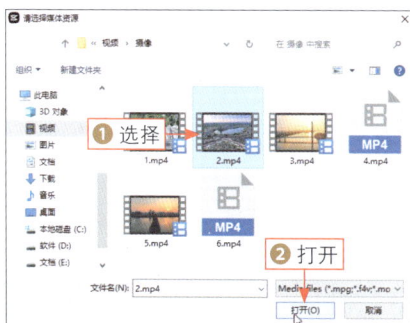

图 8-18 单击"打开"按钮

图 8-19 单击"替换片段"按钮

步骤09 通过上述替换素材的方法，为剩下的素材替换"导入"选项卡中的视频素材，如图8-20所示，如果觉得视频过长或者不喜欢可以单击"分割"按钮，分割视频和音频，再单击"删除"按钮，删除多余的音频和视频。

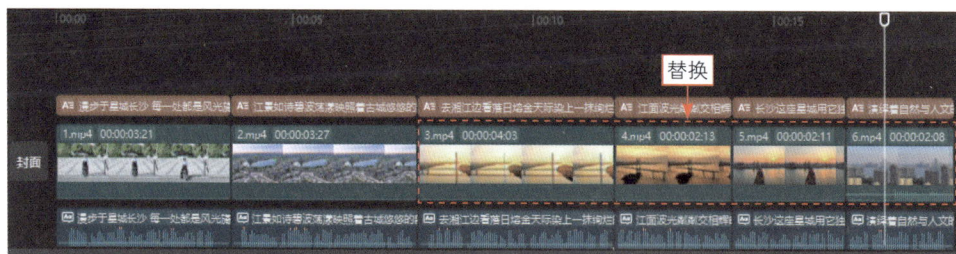

图 8-20 替换视频素材

8.2.5 编辑字幕效果

编辑字幕效果是视频制作中的重要环节，能够提升视频的可访问性、专业性和观赏性，通过字幕的风格和内容，展现用户的个性

扫码看教学视频

和创意。

下面介绍在剪映电脑版中编辑字幕效果的操作方法。

步骤01 选择第1段文字素材，在"文本"操作区中，❶设置"字体"为"黑体"，更改文字字体；❷设置"字号"参数为7，稍微放大视频的文字，如图8-21所示。

图 8-21　设置"字号"参数

步骤02 更改第1段文字之后，剪映会自动调整剩下的文字，如图8-22所示。

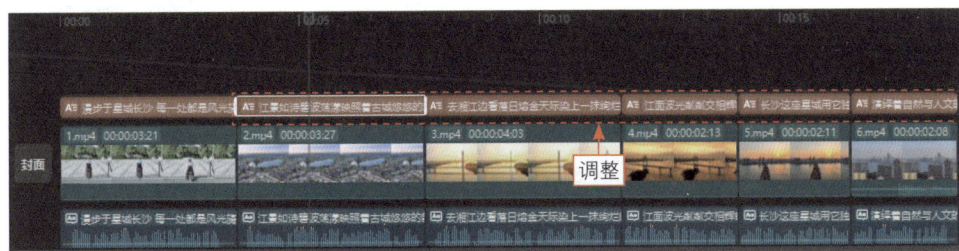

图 8-22　自动调整剩下的文字

8.2.6 添加动画效果

动画效果是视频编辑中的重要元素，能够显著提升视频的观赏性和表现力，正确使用动画效果，可以使视频更具吸引力和影响力。

扫码看教学视频

下面介绍在剪映电脑版中添加动画效果的操作方法。

步骤01 选择第1段素材，如图8-23所示。

图 8-23　选择第 1 段素材

步骤02 ❶单击"动画"按钮，切换至"动画"操作区；❷在"入场"选项卡中选择"向右甩入"选项；❸设置"动画时长"参数为1.5s，如图8-24所示。用同样的方法，为剩下的素材添加合适的动画效果，并设置相应的"动画时长"参数。

图 8-24　设置"动画时长"参数

8.2.7　添加转场效果

转场是视频编辑中的基本效果之一，不仅可以增强视频的观赏性，还可以帮助视频内容更加完整和专业。正确使用转场，可以使视频更具吸引力和表现力。

扫码看教学视频

下面介绍在剪映电脑版中添加转场效果的操作方法。

步骤01 拖曳时间轴至第1段素材与第2段素材之间的位置，如图8-25所示。

图 8-25　拖曳时间轴至第 1 段素材与第 2 段素材之间的位置

步骤02 ❶单击"转场"按钮，切换至"转场"功能区；❷切换至"转场效果"｜"叠化"选项卡；❸单击"叠化"转场右下角的"添加到轨道"按钮￼，如图8-26所示，添加转场。

步骤03 在"转场"操作区中单击"应用全部"按钮，把转场效果应用到所有片段之间，如图8-27所示，单击"导出"按钮，即可导出视频。至此，《星城风光》制作完成。

图 8-26　单击"添加到轨道"按钮￼

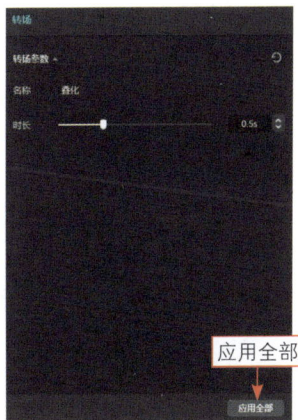

图 8-27　单击"应用全部"按钮

【即梦AI篇】

第 9 章　即梦 AI 入门

即梦AI是由剪映团队精心打造的一站式AI创作平台。用户如果想体验即梦AI强大的创作能力，可以先了解即梦AI的基础知识，再掌握登录与注册平台的方法，并认识即梦AI网页版和手机版的操作界面与功能，让后续的AI创作之路更通顺。

9.1 即梦AI：创作新软件

即梦AI，是由字节跳动旗下剪映团队推出的AI创作工具，旨在助力图片与视频创作。本节将介绍即梦AI的简介与定位，以及其历史与发展，让用户快速了解这款工具的核心功能。

9.1.1 初识即梦AI：简介与定位

即梦AI，一站式创意赋能平台，以人工智能为核心，专注于降低创意门槛，激发无限灵感。通过自然语言处理与先进的图像生成技术，即梦AI支持从文到图、从概念到视频的全方位创作。无论是超现实场景构建，还是个性化视频生成，即梦AI都能轻松实现。平台定位服务于广大创意工作者及爱好者，旨在通过AI技术，让每个人都能轻松表达创意，享受创作乐趣，推动创意产业的发展，其首页如图9-1所示。

扫码看教学视频

图 9-1 即梦 AI 首页

9.1.2 了解即梦AI：历史与发展

即梦AI是一个AI图片与视频创作平台，字节跳动公司宣布开放内测的时间是2024年3月，该平台主要利用先进的人工智能技术，帮助用户将创意和想法转化为视觉作品，包括图片和视频。2024年6月，Dreamina更名为"即梦AI"，这一变更标志着品牌在本地化和品牌识别度上进一步提升。

扫码看教学视频

即梦AI宣布其AI作图和AI视频生成功能已全量上线，意味着用户可以更全面地体验该平台提供的各项服务。图9-2所示为即梦AI的"图片生成"页面，此

外还有"视频生成""智能画布""故事"创作页面。

尽管即梦AI的AI视频生成技术相较于AI图片生成兴起的时间较短，但即梦AI在这一领域的发展迅速。虽然即梦AI与一些先驱产品如Sora相比可能还有差距，但已经展现出了不俗的潜力和效果。

图 9-2　即梦 AI 的"图片生成"页面

根据用户反馈和媒体报道，即梦AI在提供便捷的AI创作体验方面得到了一定的认可，尽管在某些细节处理上还有提升空间，如人体动作的模拟、面部表情的细腻度等，随着技术的不断进步和应用场景的不断拓展，即梦AI的功能和应用场景也将不断扩展和完善，这意味着即梦AI的未来充满了无限可能和潜力。

即梦AI背后的技术实力不容小觑，它依托字节跳动的技术背景，拥有资深的AI技术团队支持，致力于将AI技术应用于内容创作领域，推动创意产业的发展。随着产品的迭代优化和市场推广，即梦AI开发团队有望在未来取得更大的成功，成为AI创作领域的重要玩家。

9.2　登录与注册即梦AI

即梦AI不仅是一个名字，它代表了一个创新的概念，一种将艺术创作与人工智能技术结合的全新尝试。在这里，艺术不再受限于传统的界限，想象力和科技的结合让创作变得更加多元和自由。

本节将为大家揭开即梦AI的神秘面纱，介绍其登录方法、功能界面等基础知识，帮助大家学会利用AI的力量将自己的创意转化为视觉艺术作品。无论是艺术家、设计师，还是对AI艺术充满好奇的探索者，即梦AI都将为你提供一个展示创意的舞台。

9.2.1　登录即梦AI网页版

下面介绍登录即梦AI网页版的操作方法，让用户迅速进入即梦AI的艺术创作空间，探索即梦AI带来的无限创意和便捷体验。

扫码看教学视频

步骤01 进入即梦AI的登录页面，❶选中相应的复选框；❷单击"登录"按钮，如图9-3所示。

图 9-3　单击"登录"按钮

步骤02 执行操作后，弹出"抖音授权登录"页面，如图9-4所示，用户可以选择扫码授权或验证码授权（即通过手机验证码授权登录）。

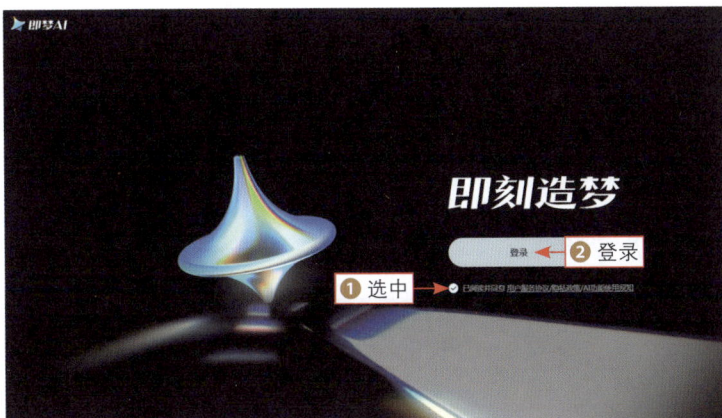

图 9-4　弹出"抖音授权登录"页面

步骤 03 以扫码授权为例，在手机上打开抖音App，进入"首页"界面，❶点击左上角的 三 按钮；❷在弹出的侧边栏中点击"扫一扫"按钮 ⊟，进入扫码界面，如图9-5所示，对准"抖音授权登录"页面中的二维码进行扫描后，会进入"抖音授权"界面，选择相应的头像/昵称，点击"同意授权"按钮，即可完成授权。

图 9-5　进入扫码界面

步骤 04 执行操作后，即可在网页端自动登录抖音账号，同时即梦AI平台右上角会显示用户的剪映头像，如图9-6所示。

图 9-6　显示用户的剪映头像

步骤 05 ❶单击剪映头像；❷在弹出的列表中选择"退出"选项，如图9-7所示，即可退出账号的登录状态。

图 9-7 选择"退出"选项

9.2.2 登录即梦AI手机版

下面介绍登录即梦AI手机版的操作方法，让用户迅速进入即梦AI的艺术创作空间，探索即梦AI带来的无限创意和便捷体验。

扫码看教学视频

步骤 01 进入即梦AI App的登录界面，❶选中"已阅读并同意用户协议和隐私政策"复选框；❷点击"通过抖音登录"按钮，如图9-8所示。

步骤 02 进入抖音授权界面，点击"同意授权"按钮，如图9-11所示，即可完成登录，返回即梦AI App的"灵感"界面。

图 9-8 点击相应的按钮

图 9-9 点击"同意授权"按钮

9.2.3 即梦AI界面中的功能

即梦AI界面简洁且功能强大，它涵盖了图片生成、智能画布、视频制作和故事创作等多个方面。此外，即梦AI还提供了辅助功能，如参数设置、模板提示、高清化、局部重绘和扩图等，这些功能可以进一步提升了用户的创作体验，使得整个创作过程更加流畅和高效，打造一站式创作平台，简化创作流程，释放创意。

下面详细介绍即梦AI网页版和手机版界面中的主要功能。

1. 网页版页面与功能

在使用即梦AI进行AI创作之前，还需要掌握即梦AI页面中的各功能模块，认识相应的操作功能，可以使AI创作更加高效。在即梦AI页面中，包括"常用功能""AI作图""AI视频"等板块，还有社区作品欣赏区域，如图9-10所示。

扫码看教学视频

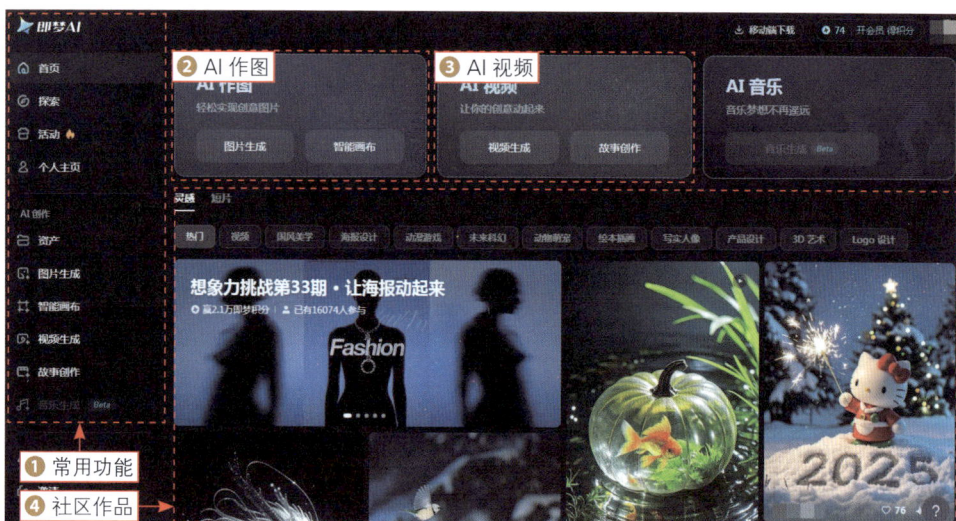

图 9-10　认识即梦 AI 页面

下面对即梦AI页面中的各主要功能进行相关讲解。

❶ 常用功能：在该列表中，包括"探索""活动""图片生成""智能画布""视频生成""故事创作"等常用功能，选择相应的选项，即可跳转到对应的页面。

❷ AI作图：在该选项区中，包括"图片生成"与"智能画布"两个按钮，单击相应的按钮，可以生成和编辑AI绘画作品。

❸ AI视频：在该选项区中，包括"视频生成"与"故事创作"两个按钮，单击相应的按钮，可以生成和编辑AI视频作品。

❹ 社区作品：在该区域中，包括"灵感"和"短片"两个选项卡，其中展示了其他用户所创作和分享的AI作品，单击相应的作品可以放大预览。

2. 手机版界面与功能

即梦AI App的界面布局直观而明了，功能模块划分和细节设计都很合理，注重用户体验和创作效率。

下面对即梦AI App界面中的各主要功能模块进行相关讲解，如图9-11所示。

扫码看教学视频

图 9-11　即梦 AI App 主界面

❶ 上传图片▣：点击▣按钮，可以通过上传图片的形式，来生成图片或视频。

❷ 输入框：这是与AI进行互动的主要功能区域，点击输入框，用户可以在其中输入提示词。

❸ 灵感标签：点击"灵感"按钮，即可切换至"灵感"界面，用户可以在此选择喜欢的图片或视频做同款；还可以点击界面右上角的"活动"按钮，参与活动；点击▣按钮，即可进入"消息中心"界面，查看消息。

❹ 我的资产：点击▣按钮，即可进入"我的资产"界面，用户可以对即梦AI App生成的图片和视频进行查阅与管理，包括收藏、编辑、发布、下载和删除等。

❺ 内容按钮：点击▣按钮，即可查看AI生成的"全部内容""图片内容""视频内容"。

❻ 设置按钮：点击█按钮，即可进行生成内容的设置，包括图片模型和比例的选择，以及视频生成时长、运镜。

❼ 发送按钮：在输入框中输入描述词，点击█按钮，发送描述词，即可获得相应的图片或视频。

❽ 个人中心：点击该按钮，即可进入个人中心，用户可以在此编辑资料、查看发布动态，以及进行各项设置。

本章小结

本章首先介绍了即梦AI的基本概念和定位，接着探讨了其历史背景和发展过程；随后介绍了即梦AI的登录与注册流程，包括网页版和手机版的操作步骤；最后对即梦AI界面的功能进行了全面介绍，为读者提供了一个清晰的操作指引。

课后习题

以下是精心设计的课后习题项目，旨在通过习题加深读者对知识点的理解和记忆。请认真参与每项练习，以实现知识的内化和应用。

扫码看教学视频

【课后习题】：

1. 即梦AI是什么？

答：一站式AIGC内容专业创作平台。

2. 即梦AI的作用是什么？

答：有助于用户实现创意梦想。

第 10 章 AI 文生图

在探索AI文生图的过程中，本章将介绍如何将文字描述转化为令人赞叹的图像艺术。从输入描述词到图像生成，再到高阶技巧的运用，每一节都将深入介绍如何精确引导AI创作出符合预期的图像，包括主体和场景。这不仅是技术的展示，更是艺术与科技的完美融合。

10.1 从文字描述到生成图片

即梦AI强大的图像生成能力让许多人对这个领域充满无限遐想，特别是文生图功能，用户仅需输入简洁的文本描述，即可快速生成栩栩如生、富有表现力的图像，极大地简化了创作流程。这种将创意文本转化为视觉艺术的能力，不仅提高了创作效率，也为艺术家和设计师们开辟了新的表现空间，让创意实现变得更加轻松和直接。

本节将详细解析从文字描述到生成图片的全过程，包括输入描述词生成图像、设置AI生图模型、设置图像的比例尺寸、再次生成新的图像及重新编辑生成参数等，以创作出令人满意的图像。让我们一起开启这段视觉与文字交织的旅程。

10.1.1 输入描述词生成图像

【效果展示】：文生图是即梦AI"图片生成"功能中的一种绘图模式，这个功能可以通过选择不同的模型、填写描述词（通常称为提示词）和设置参数来生成用户想要的图像，效果如图10-1所示。

图 10-1　效果展示

下面介绍输入描述词生成图像的操作方法。

步骤 01 进入即梦AI手机版，在"想象"选项区中，点击"图片生成"按钮，如图10-2所示。

步骤 02 弹出相应的面板，在下方的输入框中输入相应的描述词，如图10-3所示。

步骤03 点击"生成"按钮，即可生成4张图片，如图10-4所示，点击相应的图片，可以查看大图效果。

图 10-2　点击"图片生成"按钮　　图 10-3　输入相应的描述词　　图 10-4　生成 4 张图片

10.1.2　设置AI生图模型

【效果展示】：在"图片生成"功能中，精细度是一个关键的生成参数，它直接影响到最终图像的清晰度和细节丰富度。通过提高精细度数值，AI可以生成细节更丰富、更清晰的图像，从而提供更逼真和细致的视觉效果，但这种高质量的生成过程需要更多的计算资源和时间。图10-5所示为使用不同精细度参数生成的图像效果。

扫码看教学视频

图 10-5　效果展示

下面介绍设置AI出图精细度的操作方法。

步骤01 进入即梦AI主页，点击"图片生成"按钮，弹出相应的面板，在下方的输入框中输入相应的描述词，如图10-6所示。

步骤02 ❶点击▤按钮；❷在"选择模型"选项区中选择"图片1.4"选项，如图10-7所示，改变图片生成模型。

步骤03 点击"生成"按钮，生成相应的图像，效果如图10-8所示。

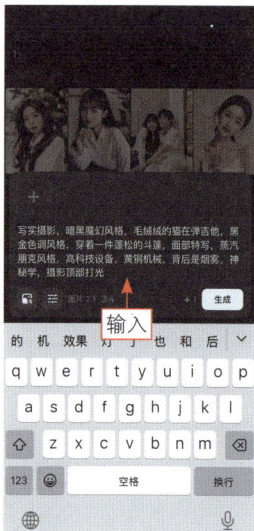

图 10-6　输入相应的描述词　　图 10-7　选择"图片 1.4"选项　　图 10-8　生成相应的图像

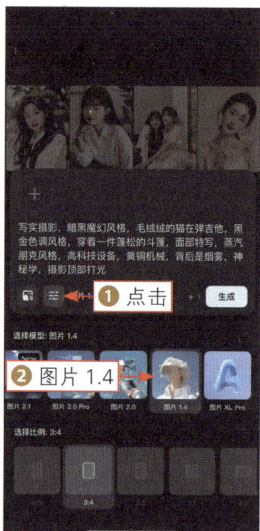

10.1.3　设置图像的比例尺寸

即梦AI的比例参数中有几个固定的预设选项，具体包括16：9、3：2、4：3、1：1、3：4、2：3及9：16等常见比例，相关介绍如下。

① 16：9：这是一种广泛应用于现代电视和显示器的宽屏比例，适合生成电影、视频或网页背景等。

② 3：2：这是一种经典的比例，常用于摄影和印刷，适合生成杂志插图、书籍封面或社交媒体图像，效果如图10-9所示。

③ 4：3：这是一种传统的电视和计算机显示器比例，适合生成标准视频内容或网页图像，效果如图10-10所示。

④ 1：1：正方形比例，适合生成社交媒体头像、图标或正方形广告图像，效果如图10-11所示。

扫码看教学视频

图 10-9　3：2 的图像效果　　　图 10-10　4：3 的图像效果　　　图 10-11　1：1 的图像效果

⑤ 3：4：这种比例较为少见，但可以用于生成强调垂直方向的图像，如手机壁纸或社交媒体故事，效果如图10-12所示。

⑥ 2：3：与3：2相反，这种比例强调垂直方向，适合生成竖幅广告或手机短视频素材，效果如图10-13所示。

⑦ 9：16：这是一种较新的竖屏比例，常用于移动设备和社交媒体平台，适合生成手机壁纸或抖音等短视频平台的图片内容，效果如图10-14所示。

图 10-12　3：4 的图像效果　　　图 10-13　2：3 的图像效果　　　图 10-14　9：16 的图像效果

【效果展示】：对用户来说，16：9比例提供了更多的空间来展示故事或信息，同时保持视觉上的平衡，效果如图10-15所示。

图 10-15　16：9 的图像效果

下面介绍设置图像比例尺寸的操作方法。

步骤 01 进入即梦AI手机版，点击"图片生成"按钮，如图10-16所示。

步骤 02 弹出相应的面板，在下方的输入框中输入相应的描述词，如图10-17所示。

步骤 03 ❶点击▦按钮，展开设置面板；❷在"选择比例"选项区中选择16∶9选项，如图10-18所示，改变图片的比例。

图 10-16　选择"图片生成"选项　　图 10-17　输入相应描述词　　图 10-18　选择 16∶9 选项

步骤 04 点击"生成"按钮，即可生成相应比例的图像，点击相应的图片，如图10-19所示。

步骤 05 执行操作后，即可预览大图，效果如图10-20所示。

图 10-19　点击相应的图片　　图 10-20　预览大图

10.1.4　再次生成新的图像

　　【效果展示】：即梦AI提供了对用户友好的操作选项，允许用户对生成的图像进行多次尝试和调整。若用户对AI初始生成的图像效果不甚满意，可以点击"再次生成"按钮，以重新创建另一组图像，效果如图10-21所示。

　　下面介绍再次生成图像的操作方法。

　　步骤01 进入即梦AI手机版，在"想象"选项区中，点击"图片生成"按钮，弹出相应的面板，在输入框中输入相应的描述词，如图10-22所示。

图 10-21　效果展示

　　步骤02 点击"生成"按钮，即可生成相应的图像效果，点击图像下方的"再次生成"按钮，如图10-23所示。

　　步骤03 执行操作后，即可重新生成一组图像，效果如图10-24所示。

图 10-22　输入相应的描述词　　图 10-23　点击"再次生成"按钮　　图 10-24　重新生成一组图像

★ 专家提醒 ★

每次点击"再次生成"按钮，AI都会根据用户输入的描述词和设定的生成参数，采用其算法和数据库中的资源，生成一组全新的图像。

10.1.5 重新编辑生成参数

用户可以对描述词和生成参数进行以下优化。

扫码看教学视频

① 优化描述词：用户可以对AI的指令进行细化，添加或删除某些关键词，以引导AI生成更精确的图像。

② 调整风格和元素：通过改变风格描述或添加特定的视觉元素，用户可以探索不同的视觉效果。

③ 修改色彩和氛围：用户可以调整色彩方案或描述图像的氛围，以改变图像的整体感觉，获得更加生动或符合情感氛围的图像。

④ 尝试不同的比例和构图：改变图像的比例或构图，可能会带来意想不到的图像，用户可以尝试不同的比例设置来寻找最佳的视觉效果。

【效果展示】：若用户对AI生成的图像效果感到不满意，点击"重新编辑"按钮，对描述词和生成参数进行适当调整，以期获得更符合预期的图像，效果如图10-25所示。

图 10-25　效果展示

下面介绍重新编辑生成参数的操作方法。

步骤01 在下方的输入框中输入相应的描述词，如图10-26所示。

步骤02 点击"生成"按钮，即可生成相应的图像，点击图像下方的"重新编辑"按钮，如图10-27所示。

步骤03 执行操作后，会自动定位到描述词上面，适当修改描述词，点击

"生成"按钮，即可再次生成相应的图像，效果如图10-28所示。

图 10-26　输入相应的描述词　　图 10-27　点击相应的按钮　　图 10-28　再次生成相应的图像

10.1.6　一键生成同款图像

【效果展示】：即梦AI的"灵感"界面不仅是展示区，还是互动和灵感界面，汇集了用户的作品，展示了创作参数，用户可一键复制其风格，效果如图10-29所示。

扫码看教学视频

图 10-29　效果展示

下面介绍一键生成同款图像的操作方法。

步骤 01 进入即梦AI手机版，❶切换至"灵感"界面；❷在"灵感"界面中选择相应的AI绘画作品，如图10-30所示，由于灵感界面的作品会实时更新，用户可根据自身需求选择喜欢的模板。

步骤 02 进入作品预览界面，在界面下方点击"做同款"按钮，会自动填入AI绘画作品的描述词和生成参数，点击"生成"按钮，如图10-31所示。

步骤 03 即可使用相同的描述词和生成参数，生成类似的图像，如图10-32所示。

图 10-30　选择 AI 绘画作品　　图 10-31　点击"生成"按钮　　图 10-32　生成类似的图像效果

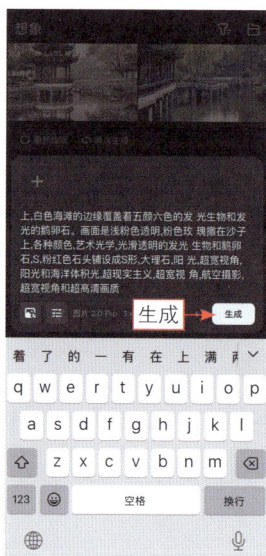

10.2　编写描述词的高阶技巧

使用即梦AI的文生图功能时，描述词的选择至关重要，它们可以指导AI创作出符合预期的图像。本节将介绍如何巧妙地构建描述词，以精准的语言引导AI，创作出符合预期的视觉艺术作品。

10.2.1　主体描述

【效果展示】：图像的主体是吸引视线和传达主题的核心，可以是任何引人注目的物体。需要在构图中突出，与背景形成对比，以增强其视觉影响力，效果如图10-33所示。

图 10-33　效果展示

下面介绍通过主体描述词生成图像的操作方法。

步骤 01 进入相应的界面，输入相应的描述词，如图10-34所示。

步骤 02 点击"生成"按钮，即可生成相应的图像，画面主体为银杏树叶，如图10-35所示。

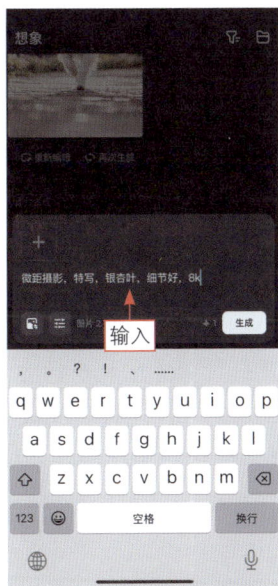

图 10-34　输入相应的描述词

图 10-35　生成相应的图像

10.2.2　画面场景

【效果展示】：在AI绘画中，精心构建的描述词对于生成高质量图像至关重要。其中，画面场景是描述词的核心组成部分，它不仅包

括环境的总体氛围，还涵盖点缀元素和其他细节的描述。例如，当画面场景为星空银河时，可以将繁星的细节作为点缀元素，效果如图10-36所示。

图 10-36　效果展示

★ 专家提醒 ★

　　描述词是一种文本提示信息或指令，用于指导AI生成图像的方向和画面内容。描述词可以是关键词、短语或句子，用于描述所需的图像样式、主题、风格、颜色、纹理等。通过提供清晰的描述词，可以帮助AI生成更符合用户需求的图像效果。

　　在图像生成领域，描述词的应用尤为广泛，它是一种调节AI模型的方法。通过输入想要的内容和效果，AI模型能理解用户想表达的含义，并据此生成相应的图像。描述词为用户提供了一种简单而直观的方式来控制AI模型的行为，使得用户可以轻松地完成各种复杂的图像生成任务。

　　下面介绍通过画面场景描述词生成图像的操作方法。

　　步骤01 进入相应的界面，输入相应的描述词，用于指导AI生成特定的图像，如图10-37所示。

　　步骤02 ❶点击▦按钮，展开设置面板；❷在"选择比例"选项区中选择3∶4选项，如图10-38所示，改变图片的生成比例，点击"生成"按钮。

　　步骤03 AI即可生成4张图像，如图10-39所示。

图 10-37　输入相应的描述词　　　图 10-38　选择 3：4 选项　　　图 10-39　AI 即可生成 4 张图像

本章小结

本章首先介绍了如何通过文字描述生成图片，以及设置AI生图模型、图像比例尺寸、再次生成图像和编辑生成参数等；接着介绍了编写高阶描述词的技巧，包括主体、场景等，以提升生成的图像的艺术效果。

课后实训

以下是精心设计的课后实训项目，旨在通过实践加深读者对知识点的理解和记忆。请认真参与每项练习，以实现知识的内化和应用。

扫码看教学视频

【实训任务】：对称构图是指将主体对象平分成两个或多个相等的部分，在画面中形成左右对称、上下对称或者对角线对称等不同的形式，产生一种平衡和富有美感的画面效果的构图方式。请运用即梦手机版通过构图方式描述词生成图像，如图10-40所示。

下面介绍通过构图方式描述词生成图像的操作方法。

步骤 **01** 进入相应的界面，输入相应的描述词，明确指出"对称构图"，这有助于AI识别并模仿相应的构图方式，如图10-41所示。

图 10-40　效果展示

步骤 02　❶点击▤按钮，展开设置面板；❷在"选择比例"选项区中选择
4∶3选项，改变图片尺寸，如图10-42所示。

步骤 03　点击"生成"按钮，AI即可生成采用相应构图方式的图像，画面以
水面为对称轴，山的实体与倒影形成镜像对称，创造出一种平衡、和谐的视觉效
果，如图10-43所示。

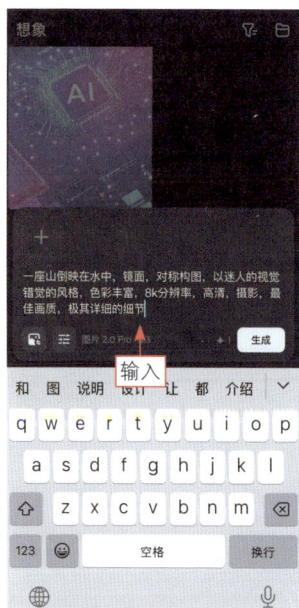

图 10-41　输入相应的描述词　　图 10-42　选择 4∶3 选项　　图 10-43　生成图像

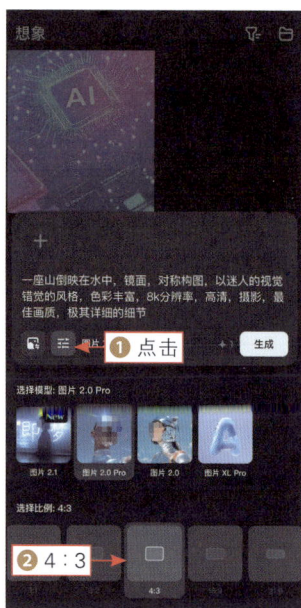

第 11 章　AI 图生图

　　本章将从图像参考的最佳设定方法入手，介绍如何精准地控制AI图生图的效果，并介绍不同的生图模型及其个性化定制玩法。用户将掌握如何优化图像参考，调整生成比例、生图模型并了解如何使用即梦AI个性化模型，以实现从现有素材到创意作品的转变。

11.1 图像参考的最佳设定方法

即梦AI的图生图功能允许用户上传一张图片，并通过添加文本描述的方式输出修改后的新图片。在使用即梦AI的图生图功能时，用户可以设置一定的参考内容，包括角色特征、人物长相、景深关系等，从而引导AI描绘出自己的心中所想。

11.1.1 参考角色特征以图生图

【效果对比】：图生图技术可以精准捕捉参考角色的特征，如五官、姿态等，再通过算法生成新图像，确保特征突出，避免失真，原图与效果图对比如图11-1所示。

图 11-1 原图与效果图对比

下面介绍参考角色特征以图生图的操作方法。

步骤 01 打开即梦AI手机版，点击"图片生成"按钮，进入"想象"界面，点击■按钮，如图11-2所示，进入相应的界面，在界面中选择一张参考图，即可上传参考图。

步骤 02 执行操作后，弹出"选择参考内容"选项区，如图11-3所示。

步骤 03 选择"角色特征"选项，如图11-4所示，系统就会自动识别图片中的角色特征。

步骤 04 点击下方的输入框，输入相应的提示词，用于指导AI生成特定的图像，如图11-5所示。

步骤 05 点击"生成"按钮，即可生成4张与参考图角色特征相似的图像，如图11-6所示。

图 11-2 点击➕按钮

图 11-3 弹出"选择参考内容"
选项区

图 11-4 选择"角色特征"选项

图 11-5 输入相应的提示词

图 11-6 生成相应的图像

11.1.2 参考人物长相以图生图

【效果对比】：借助即梦AI的图生图功能，用户能够以人物长相作为参考对象，根据人物面部特征生成有个性和艺术性的视觉作品，

扫码看教学视频

173

原图与效果图对比如图11-7所示。

图 11-7　原图与效果图对比

下面介绍参考人物长相以图生图的操作方法。

步骤 01 打开即梦AI手机版，点击"图片生成"按钮，进入"想象"界面，点击➕按钮，如图11-8所示，上传一张参考图。

步骤 02 弹出"选择参考内容"选项区，选择"人物长相"选项，系统会自动识别并选中图像中的人物面部，如图11-9所示。

步骤 03 输入相应的提示词，用于指导AI生成特定的图像，如图11-10所示。

图 11-8　点击➕按钮　　图 11-9　选择"人物长相"选项　　图 11-10　输入相应的提示词

步骤 04 点击"生成"按钮，AI会根据参考图中的人物面部特征生成相应的图像，如图11-11所示。

步骤 05 点击喜欢的一张照片，即可预览大图，效果如图11-12所示。

图 11-11 生成相应的图像

图 11-12 预览大图

★ 专家提醒 ★

　　AI识别图像中人物特征是通过一系列高级技术实现的，首先利用面部检测算法定位图像中的人脸，然后通过深度学习模型，如卷积神经网络，提取面部的关键特征，包括眼睛、鼻子、嘴巴的形状和位置，以及情感和表情。

　　AI还会进行面部对齐、特征匹配和上下文理解等处理，以提高识别的准确性。随着技术的不断进步和大量数据的训练，AI在面部识别和特征分析方面变得越来越精准，广泛应用于从安全监控到社交媒体的多个领域。

11.1.3　参考景深关系以图生图

　　【效果对比】：在摄影中，景深是指被摄物体前后的清晰范围，它能够营造出一种深度感，使图像具有三维空间效果。借助即梦AI的图生图功能，用户可以利用图像中的景深关系来生成新的图像，原图与效果图对比如图11-13所示。

扫码看教学视频

图 11-13　原图与效果图对比

★ 专家提醒 ★

在即梦AI平台中，虽然没有直接的选项设置用来控制景深，但可以通过一些提示词来指导AI生成具有特定景深效果的图像，如"聚焦主体""中心聚焦""背景模糊""柔和背景""前景虚化""模糊前景""小清晰范围""大清晰范围""大光圈效果""小光圈效果""增加深度感""强烈的深度效果""清晰的前后层次""细节清晰"等。

下面介绍参考景深关系以图生图的操作方法。

步骤01 进入"想象"界面，点击➕按钮，如图11-14所示，上传一张参考图。

步骤02 弹出"选择参考内容"选项区，选择"景深构图"选项，系统会自动识别图像中的深度信息，并生成相应的图像，如图11-15所示。

步骤03 在下方的输入框中输入相应的提示词，用于指导AI生成特定的图像，如图11-16所示。

图 11-14　点击➕按钮

图 11-15　选择"景深构图"选项

步骤 **04** 点击"生成"按钮，AI会根据参考图中的景深关系生成相应的图像，同时将场景中的粉色的花变成了白色的桃花，如图11-17所示。

步骤 **05** 在AI生成的4张图像中，点击喜欢的一张照片，即可预览大图，效果如图11-18所示。

图 11-16　输入相应的提示词　　　图 11-17　点击"生成"按钮　　　图 11-18　预览大图效果

★ 专 家 提 醒 ★

即梦AI中的景深图是一种深度图，它是控制图像结构和光影效果的强大工具，不仅可以用来复原画面构图，还能结合具体的提示词，实现更加精细和生动的图像表现。

深度图，也被称作距离图，是一种特殊的图像，它记录了场景中每个区域相对图像采集器的距离。在深度图中，使用0～255的灰度值来表示距离，其中0代表场景中最远的点，而255代表最近的点。通过这些不同的灰度值，深度图能够呈现出场景的三维距离信息，形成一幅由不同灰阶组成的图像。

11.2　精准控制生成效果

在使用即梦AI的图生图功能创作图像的过程中，用户不仅可以上传一张参考图像来奠定作品的基本框架，还能够通过一系列高级功能来精细控制生成的图像效果。

11.2.1　修改图生图参考强度

【效果对比】：在图生图过程中，精心调整参考强度，既可以保留原作精髓，又能赋予图像新意。旨在平衡创新与传承，让每幅作品既忠实原貌，又独具匠心，原图与效果图对比如图11-19所示。

图 11-19　原图与效果图对比

下面介绍修改图生图参考强度的操作方法。

步骤01 进入"想象"界面，点击 ➕ 按钮，如图11-20所示，上传一张参考图。

步骤02 弹出"选择参考内容"选项区，选择"边缘轮廓"选项，点击 ☐ 按钮，在弹出的面板中，调整"参考强度"参数值为50，如图11-21所示。

步骤03 点击下方的输入框，输入相应的提示词，用于指导AI生成特定的图像，如图11-22所示。

步骤04 点击"生成"按钮，AI会根据参考图中的边缘

图 11-20　点击 ➕ 按钮

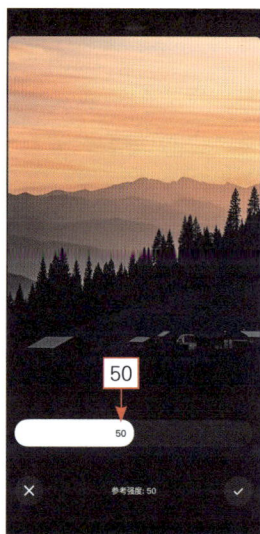

图 11-21　调整参考强度

轮廓生成相应的图像，如图11-23所示。

步骤 05 点击喜欢的一张图片，即可预览大图，效果如图11-24所示。

图 11-22　输入相应的提示词

图 11-23　生成相应的图像

图 11-24　预览大图

11.2.2　设置生图比例

【效果对比】：用户可以根据上传图片的实际比例来设置生图比例，以便更好地适应和展示图片内容。系统会进行智能调整，确保在转换图片的过程中保持原有的视觉效果，原图与效果图对比如图11-25所示。

扫码看教学视频

图 11-25　原图与效果图对比

★ 专 家 提 醒 ★

　　当用户上传一张非方形的图片时，可以选择保持原始图片的宽高比，也可以选择自定义比例来适应特定的需求。例如，如果是一张风景图片，可以选择横向拉伸以更好地展现宽阔的景色；如果是一幅肖像图片，则可以选择纵向拉伸以突出人物特征。

　　下面介绍设置生图比例的操作方法。

　　步骤01 进入"图片生成"界面，点击 ▇ 按钮，如图11-26所示，上传一张参考图。

　　步骤02 弹出"选择参考内容"选项区，某些参考内容不能改变生图比例，因此需要更换参考风格，选择"风格特征"选项，如图11-27所示，让AI参考图片的风格进行生成。

　　步骤03 点击下方的输入框，即可点击 ▇ 按钮，如图11-28所示。

图 11-26　点击 ▇ 按钮　　　图 11-27　选择"风格特征"选项　　　图 11-28　点击 ▇ 按钮

　　步骤04 弹出相应的面板，选择3∶4选项，如图11-29所示，改变图片比例。

　　步骤05 点击输入框，输入相应的提示词，用于指导AI生成特定的图像，如图11-30所示。

　　步骤06 点击"生成"按钮，AI即可根据参考图中的信息生成4张相应的图像，如图11-31所示，点击合适的图片即可放大查看图片。

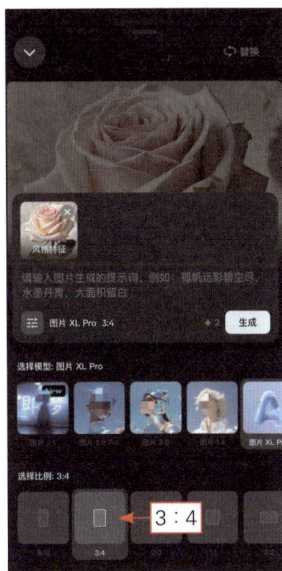

图 11-29　选择 3 ：4 选项　　　图 11-30　输入相应的提示词　　　图 11-31　生成 4 张相应的图像

11.2.3　生成超清图

【效果对比】：不管是文生图还是图生图，即梦AI每次都会同时生成4张图片，当用户看到比较满意的图片效果后，可以点击超清图按钮 HD，一键放大图像，原图与效果对比如图11-32所示。

扫码看教学视频

图 11-32　原图与效果图对比

下面介绍生成超清图的操作方法。

步骤 01 进入"想象"界面，点击 + 按钮，如图 11-33 所示，上传一张参考图。

步骤02 弹出"选择参考内容"选项区，选择"智能参考"选项，系统会自动识别图像，如图11-34所示。

步骤03 点击下方的输入框，输入相应的提示词，用于指导AI生成特定的图像，如图11-35所示。

步骤04 点击"生成"按钮，AI会根据参考图和提示词生成相应的图像，如图11-36所示，选择其中一张图像，即可将其放大。

步骤05 点击图像上方的超清图按钮 HD，如图11-37所示。

图 11-33　点击 ➕ 按钮

图 11-34　选择"智能参考"选项

图 11-35　输入相应的提示词

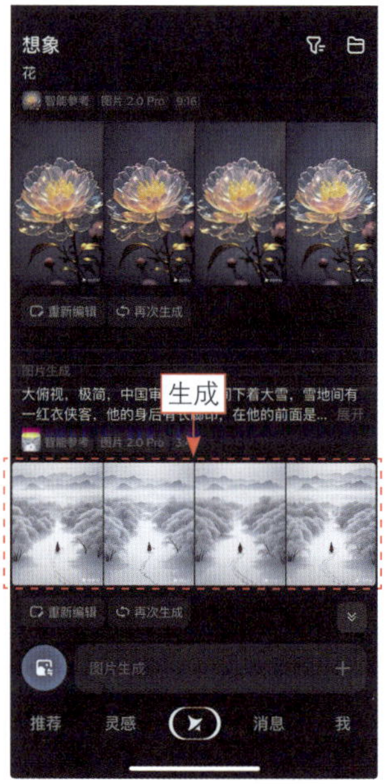

图 11-36　生成相应的图像

步骤06 执行操作后，即可生成清晰度更高的图像，选择超清图，点击 ⬇ 按钮，如图11-38所示，将其下载到相册中。

图 11-37　点击 HD 按钮

图 11-38　点击 ⬇ 按钮

★ 专 家 提 醒 ★

　　HD通常指的是High Definition，即高清晰度。这个术语用来描述图像的分辨率，它比标准清晰度（Standard Definition，SD）的分辨率要高，高清晰度图像提供了更多的细节和更清晰的视觉效果。常见的HD分辨率有720p和1080p。

11.3　生图模型

　　掌握了最佳设定方法和如何精准控制生成效果之后，接下来学习即梦AI图片2.0 Pro模型的使用（这一模型以其广泛的适用性为用户提供了灵活的图像生成选项），以及即梦AI图片2.0模型的应用，这一进阶模型凭借其更强大的处理能力，能够带来更加精细的图像输出，为用户提供更多可能性。

11.3.1　使用图片2.0 Pro模型生图

　　【效果对比】：即梦AI的图片2.0 Pro模型是其自主研发的一个基础图像生成模型，该模型为用户进入AI绘画世界提供了一个起点。这个模型虽然功能基础，但已经足够强大，能够满足大多数标准图像生成需求，原图与效果对比如图11-39所示。

扫码看教学视频

183

图 11-39　原图与效果图对比

下面介绍使用即梦AI图片2.0Pro模型生图的操作方法。

步骤01 进入"想象"界面，点击➕按钮，如图11-40所示，上传一张参考图，用于AI参考以生成图像内容。

步骤02 弹出相应的面板，在"选择参考内容"选项区中，选择"智能参考"选项，如图11-41所示。

步骤03 ❶点击左侧的▦按钮；❷在"选择模型"选项区中，选择"图片2.0 Pro"模型，如图11-42所示。

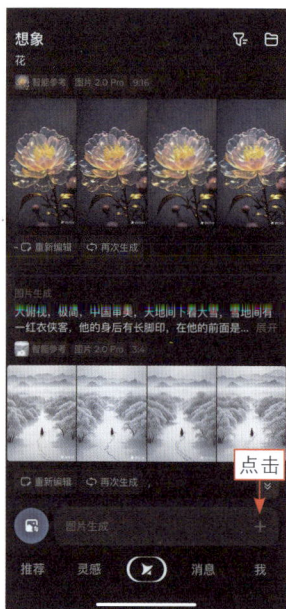

图 11-40　点击➕按钮　　图 11-41　选择"智能参考"选项　图 11-42　选择"图片 2.0 Pro"
　　　　　　　　　　　　　　　　　　　　　　　　　　　　　　　　模型

步骤04 在"选择比例"选项区，选择3：4选项，将图像尺寸调整为竖图，如图11-43所示。

步骤05 ❶在输入框中输入提示词；❷点击"生成"按钮，如图11-44所示。

步骤06 即可生成4张相应的图像，如图11-45所示。

图 11-43　选择 3：4 选项　　　图 11-44　点击"生成"按钮　　　图 11-45　生成 4 张相应的图像

★ 专 家 提 醒 ★

即梦AI图片2.0 Pro是一种基于深度学习技术的模型，其最基本的形式是实现文本到图像的转换。当输入一个文本提示词时，该模型能够生成与文本内容相匹配的图像作为输出。

11.3.2　使用图片2.0模型生图

【效果对比】：即梦AI图片2.0模型在图像生成的质量和效果上实现了显著提升，并且增强了对专业控制的支持，非常适合那些追求精细控制和高艺术表现力的用户。通过采用更先进的算法和更强大的计算资源，即梦AI图片2.0模型优化了生图效果，为用户提供了丰富且逼真的视觉体验，原图与效果对比如图11-46所示。

扫码看教学视频

下面介绍使用即梦AI图片2.0模型生图的操作方法。

步骤 **01** 进入"想象"界面，点击 + 按钮，如图11-47所示，上传一张参考图。

步骤 **02** 弹出"选择参考内容"选项区，选择"角色特征"选项，如图11-48所示，设置图片的参考项。

步骤 **03** 执行操作后，❶点击 按钮；❷在"选择比例"选项区中选择2：3选项，如图11-49所示，即可将参考图的生图比例调整为竖图比例。

图 11-46 原图与效果图对比

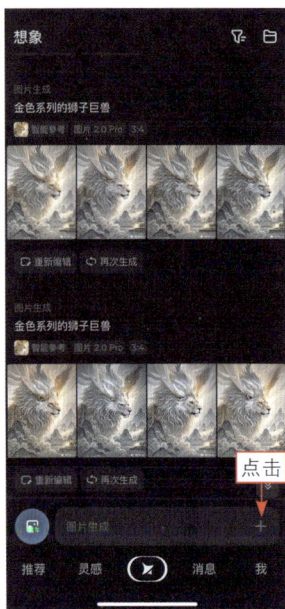

图 11-47 点击 + 按钮　　图 11-48 选择"角色特征"选项　　图 11-49 选择 2 ：3 选项

步骤 **04** 在"选择模型"选项区中选择"图片2.0"选项，如图11-50所示，改变生图模型。

步骤 **05** 输入相应的提示词，用于指导AI生成特定的图像，如图11-51所示。

步骤 **06** 点击"生成"按钮，AI会自动生成4张相应的图像，如图11-52所示，点击喜欢的一张图像，即可放大查看。

图 11-50　选择"图片 2.0"选项　　图 11-51　输入相应的提示词　　图 11-52　自动生成 4 张相应的图像

11.4　个性化模型的定制玩法

除了上述两个通用模型，即梦AI还提供了两个个性化模型，它们可以根据用户的特定需求和偏好进行定制和优化。这些模型的学习过程涉及大量的用户数据和反馈，使得生成的图像更加贴近用户的个人风格和创作意图。

本节将进一步探讨如何根据具体的项目需求选择和使用这些个性化的AI生图模型，以及如何通过它们来激发你的创意思维，创造出令人惊叹的艺术作品。

11.4.1　使用图片1.4模型生图

即梦AI图片1.4模型针对非写实风格进行了专门优化，使得AI能够更深入地理解和表现多样的艺术风格。这一升级显著扩展了AI绘画的应用场景，为用户提供了更丰富多元的创作选择和更广阔的艺术表现空间。

扫码看教学视频

【效果对比】：即梦AI图片1.4模型不再局限于传统的写实绘画，而是能够捕捉到和再现从抽象表现主义到超现实主义等多种艺术风格的独特魅力，原图与效果对比如图11-53所示。

图 11-53　原图与效果图对比

下面介绍使用即梦AI图片1.4模型生图的操作方法。

步骤01 进入"想象"界面，点击➕按钮，如图11-54所示，上传一张参考图。

步骤02 弹出"选择参考内容"选项区，选择"风格特征"选项，系统会自动识别图像信息，如图11-55所示。

步骤03 ❶点击▦按钮；❷在"选择模型"选项区中选择"图片1.4"选项，如图11-56所示。

图 11-54　点击➕按钮　　图 11-55　选择"风格特征"选项　　图 11-56　选择"图片1.4"选项

步骤 04 执行操作后，在"选择比例"选项区中，选择2∶3选项，如图11-57所示，即可将参考图的生图比例调整为竖图比例。

步骤 05 输入相应的提示词，点击"生成"按钮，AI会自动生成相应的4张图像，如图11-58所示。

步骤 06 点击喜欢的一张图像，即可预览大图，效果如图11-59所示。

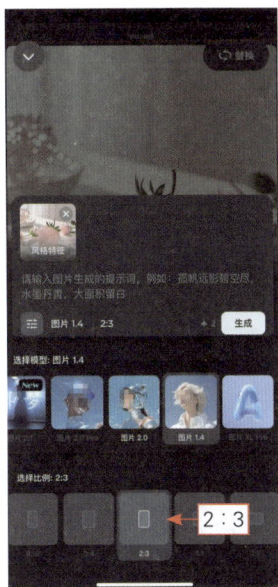

图 11-57　选择 2∶3 选项　　　图 11-58　自动生成相应的 4 张图像　　　图 11-59　预览大图

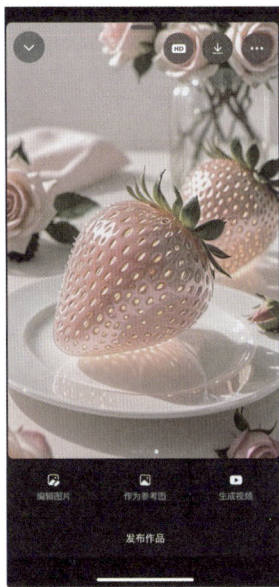

★ 专家提醒 ★

即梦AI图片1.4模型在处理整体画面时能够提供令人满意的效果，但在细节层面，尤其是人物手指等细微之处，可能无法达到完美的自然度，这就需要用户在生成图像后进行细致的手动调整或重绘，以确保这些细节能够更加逼真和符合实际。

此外，为了使即梦AI能够生成更符合用户预期的作品，输入的提示词需要尽可能精确和详细。具体而生动的描述不仅有助于AI更准确地理解用户的创作意图，还能激发AI生成更加丰富和有表现力的内容。因此，用户在使用即梦AI图片1.4模型时，应注意这些操作细节，以充分利用AI的潜力，同时发挥人工调整的优势，共同创造出高质量的图像作品。

11.4.2　使用图片XL Pro模型生图

即梦AI中的图片XL Pro模型专门针对复杂场景的构建和创意短片的制作进行了优化，它能够处理长段提示词并生成叙事连贯的视频和

扫码看教学视频

189

图片内容，特别擅长在单一提示词的指导下实现多镜头视频的生成和多个场景的流畅切换。

【效果对比】：图片XL Pro模型能够根据用户的文本描述生成各种风格的图片，从经典的文学风格到现代流行的艺术风格，这个模型都能轻松呈现，原图与效果对比如图11-60所示。

图 11-60　原图与效果图对比

★ 专家提醒 ★

使用图片XL Pro模型时，精确而详细的描述非常关键，以确保生成的作品满足预期，使用具体而生动的词汇有助于AI更准确地把握需求。

由于AI生成的结果存在差异，建议用户多次尝试并调整提示词以获得最佳效果，因为AI每次生成的效果都可能有所不同。

此外，生成的图片可能需要进行后期处理，包括细节优化和超清增强，以提升视觉效果。

下面介绍使用图片XL Pro模型生图的操作方法。

步骤01 进入相应的界面，点击■按钮，如图11-61所示，上传一张参考图，即可自动弹出"选择参考内容"选项区。

步骤02 在"选择参考内容"选项区中，选择"景深构图"选项，设置"参考强度"为45，如图11-62所示，让生成的图片和参考图更加相似。

步骤03 在"选择模型"选项区中，选择"图片XL Pro"模型，如图11-63所示，可以使图像的细节更加丰富和清晰。

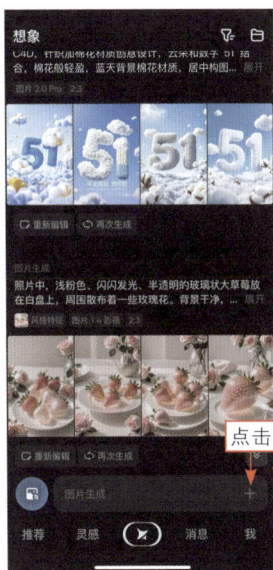

图 11-61　点击 ＋ 按钮　　图 11-62　选择"景深构图"选项　图 11-63　选择"图片 XL Pro"
模型

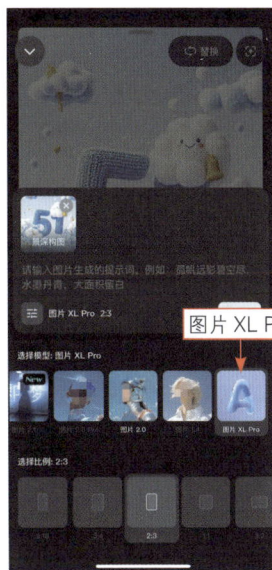

步骤04 点击"生成"按钮，即可生成4张相应的图像，如图11-64所示。

步骤05 点击喜欢的一张图片，即可预览大图，效果如图11-65所示。如果对效果不满意，可点击图片下方的"再次生成"按钮，重新生成4张图像。

图 11-64　生成 4 张相应的图像　　　　图 11-65　预览大图

本章小结

本章首先介绍如何设定最佳图像参考，包括主体内容、人物长相和景深关系的参考技巧；接着深入介绍精准控制生成效果的方法，从修改参考强度到设置生图比例，以及生成超清图；最后介绍生图模型的使用，包括即梦AI通用模型和个性化模型的定制玩法，为读者提供从现有素材出发的创意延伸指南。

课后实训

以下是精心设计的课后实训项目，旨在通过实践加深读者对知识点的理解和记忆。请认真参与每项练习，以实现知识的内化和应用。

扫码看教学视频

【课后实训】：当用户在即梦AI平台上成功生成符合期望的图像效果后，可以轻松地将这些图片保存到本地，下载过程通常非常简单，请运用即梦手机版下载效果图，原图与效果对比如图11-66所示。

下面介绍下载效果图的操作方法。

图 11-66　原图与效果图对比

步骤01 进入"想象"界面，点击 ➕ 按钮，如图11-67所示，上传一张参考图。

步骤02 弹出"选择参考内容"选项区，选择"智能参考"选项，系统会自动识别图像，如图11-68所示。

步骤03 点击下方的输入框，❶输入相应的提示词；❷选择一个生图模型，如"图片2.0 Pro"，用于指导AI生成特定内容和画风的图像，如图11-69所示。

步骤04 点击"生成"按钮，如图11-70所示，AI会根据参考图中的人物长相生成相应的图像。

步骤05 选择合适的图像，将其放大，点击上方的 ⬇ 按钮，如图11-71所示。

步骤06 弹出相应的面板，点击"保存到本地"按钮，如图11-72所示，下载完成后即可在相册中查看刚刚下载的图片。

图 11-67　点击➕按钮　　图 11-68　选择"智能参考"选项　　图 11-69　选择一个生图模型

图 11-70　点击"生成"按钮　　图 11-71　点击上方的⬇按钮　　图 11-72　点击"保存到本地"按钮

★ 专 家 提 醒 ★

　　下载完成后，用户可以自由地将这些图片用于个人项目或分享到社交媒体上。无论是用于打印出版、广告宣传还是个人收藏，这些图片都能以高清晰度和专业品质满足用户的需求。

　　为了提升用户的体验，即梦AI还提供了批量下载功能，允许用户一次性下载多张图片，节省了时间并提高了效率。同时，即梦AI还会自动将图片保存到云存储服务器中，方便用户随时随地访问和管理。

第 12 章　文生视频

　　本章主要介绍在即梦AI中进行文生视频的技巧，首先带领用户了解在文生视频时，通过精准描述主体部分、场景设置和视觉细节等内容，可以提升视频的生成质量；然后介绍在即梦AI中设置视频的比例，从而生成横幅和竖幅视频的操作方法。

12.1　高效描述文生视频的创作逻辑

即梦AI平台的文生视频功能以其简洁直观的操作界面和强大的AI算法，为用户提供了一种全新的视频创作体验。不同于传统的视频制作流程，用户无须精通视频编辑软件或拥有专业的视频制作技能，只需通过简单的文字描述，即可激发AI的创造力，生成一段段引人入胜的视频。

在这个创新的过程中，文字描述扮演着至关重要的角色。用户的文字不仅是视频内容的蓝图，更是AI理解用户意图和创作方向的关键。文字描述的准确性、创造性和情感表达，直接影响着最终视频的质量和感染力。

本节主要介绍文生视频的描述技巧，用户在输入提示词时，应该尽量清晰、具体，同时富有想象力，以引导AI创造出符合预期的视频效果。

12.1.1　主体部分

在创作视频时，每个场景都是一个独立的故事，由一个或多个核心元素——主体来驱动。主体和主题是相互依存的，一个有力的主体可以帮助表达和强化主题，而一个深刻的主题可以提升主体的表现力。

扫码看教学视频

主体不仅能够为视频注入灵魂，还为观众提供了视觉焦点和产生情感共鸣的源泉。表12-1所示为常见的视频主体（或主题）示例。

表 12-1　常见的视频主体（或主题）示例

类　　别	视频主体（或主题）示例
人物	名人、模特、演员、公众人物
动物	宠物（猫、狗）、野生动物、地区标志性动物
自然景观	山脉、海滩、森林、瀑布
城市风光	城市天际线、地标建筑、街道、广场
交通工具	汽车、飞机、火车、自行车、船只
食物和饮料	美食制作过程、餐厅美食、水果
产品展示	电子产品、时尚服饰、化妆品、家居用品
教育内容	教学视频、讲座、实验演示、技能培训
娱乐和幽默	搞笑短片、喜剧表演、魔术表演
运动和健身	体育赛事、健身教程、运动员训练
音乐和舞蹈	音乐视频、现场演出、舞蹈表演
艺术和文化	艺术作品展示、文化节庆、历史遗迹介绍
游戏和电子竞技	电子游戏玩法、电子竞技比赛、游戏评测

上述这些主体（或主题）不仅丰富了视频的内容，也为用户提供了广阔的创作空间。通过巧妙地结合这些主体（或主题），用户可以构建出多样化的视频场景，讲述各种引人入胜的故事，满足不同观众的期待和喜好。

图12-1　效果展示

【效果展示】：例如，这段AI视频的主体是一颗草莓，并展现了水面的波纹，以及草莓的可口，效果如图12-1所示。

下面介绍通过描述主体部分来生成视频的操作方法。

步骤01 进入即梦AI手机版，点击"视频生成"按钮，如图12-2所示。

步骤02 进入"想象"界面，在下方的输入框中输入相应的提示词，用于指导AI生成特定的视频，如图12-3所示。

步骤03 点击"生成"按钮，开始生成视频，并显示生成进度，如图12-4所示。

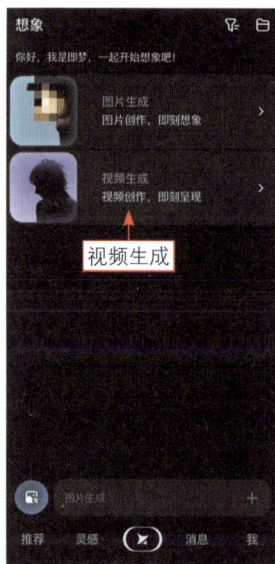

图12-2　点击"视频生成"按钮　　图12-3　输入相应的提示词　　图12-4　显示生成进度

步骤04 稍等片刻，即可生成相应的视频，点击生成好的视频，如图12-5所示，即可全屏预览视频。

步骤 05 ❶点击视频右上角的██按钮；弹出相应的面板；❷选择"收藏"选项，如图12-6所示，即可收藏视频。

步骤 06 ❶点击●按钮；❷在弹出的面板中，点击"保存到本地"按钮，如图12-7所示，即可下载视频。

图 12-5　点击生成好的视频　　图 12-6　选择"收藏"选项　　图 12-7　点击"保存到本地"按钮

12.1.2　场景设置

在撰写生成AI视频的提示词时，用户可以详细地描绘一个特定的场景，不仅包括场景的物理环境，还涵盖了情感氛围、色彩调性、光线效果及动态元素。通过精心设计的提示词，AI能够生成与用户构想相匹配的视频内容。

扫码看教学视频

【效果展示】：例如，在本节生成的AI视频中，主体是"大草原"，同时还用到了很多有关场景设置的提示词，如"有山""有水""花"，效果如图12-8所示。

下面介绍通过描述场景来生成视频的操作方法。

图 12-8　效果展示

步骤 01 进入即梦AI手机版，点击"视频生成"按钮，进入相应的界面，输入相应的提示词，用于指导AI生成特定的视频，如图12-9所示。

步骤 02 点击"生成"按钮，开始生成视频，并显示生成进度，如图12-10所示。

步骤 03 稍等片刻，即可生成相应的视频，效果如图12-11所示。

图 12-9　输入相应的提示词　　　图 12-10　点击"生成"按钮　　　图 12-11　生成相应的视频

12.1.3　视觉细节

在提示词中表达出视觉细节会使生成的画面更高清，细节更丰富。表12-2所示为一些可以包含在提示词中的视觉细节。

扫码看教学视频

表 12-2　提示词中的视觉细节

类　　别	视觉细节示例	
场景特征细节	环境背景	可以是宁静的海滩、繁忙的都市街道、古老的城堡内部或遥远的外星世界
	色彩氛围	描述场景的整体色彩，如温暖的日落色调、冷冽的冬季蓝或充满活力的春天绿
	光线条件	光线可以是柔和的晨光、刺眼的正午阳光或昏暗的室内灯光

续表

类　别	视觉细节示例	
人物特征细节	外观描述	包括人物的发型、服装风格、面部特征等
	表情细节	人物的表情可以是快乐、悲伤、惊讶或深思的，这些表情将影响人物的情感传达
	动作特点	人物的动作可以是优雅的舞蹈、紧张的奔跑或平静的站立等
物体特征细节	形状和大小	物体可以是圆形、方形或不规则的形状，大小可以是小巧精致或庞大壮观
	颜色和纹理	物体的颜色可以是鲜艳夺目或柔和淡雅的，纹理可以是光滑、粗糙或有特殊图案的
	功能和用途	描述物体的功能，如一辆快速的赛车、一件实用的工具或一件装饰艺术品等
动态元素细节	运动轨迹	物体或人物的运动轨迹，如直线移动、曲线旋转或不规则跳跃
	速度变化	运动的速度可以是快速、缓慢或有节奏的加速和减速

　　通过这些详细的视觉细节提示词，AI能够生成符合用户期望的视频内容，不仅在视觉上吸引人，而且在情感上可以与观众产生共鸣。这种高度定制化的视频创作方式，使得AI成为一个强大的创意工具，适用于各种视频制作需求。

　　【效果展示】：例如，本节这段AI视频展现了"茂密""清晰""春天""纹路"等视觉细节元素，呈现出一个和谐而生动的自然与人文景观效果，如图12-12所示。

　　下面介绍通过描述视觉细节来生成视频的操作方法。

图12-12　效果展示

　　步骤01 进入即梦AI手机版，点击"视频生成"按钮，进入相应的界面，输入相应的提示词，用于指导AI生成特定的视频，如图12-13所示。

　　步骤02 点击"生成"按钮，开始生成视频，并显示生成进度，如图12-14所示。

　　步骤03 稍等片刻，即可生成相应的视频，效果如图12-15所示。

图 12-13　输入相应的提示词　　图 12-14　显示生成进度　　图 12-15　生成相应的视频

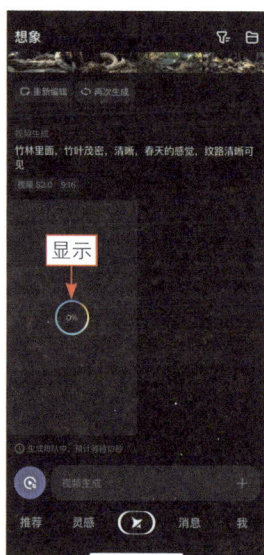

12.2　设置比例，生成完美的动态视频

在"视频生成"界面中，用户可以根据自己的需求选择视频比例，这些参数是预先设定好的，主要包括3种类型：横幅视频、方幅视频和竖幅视频，本节主要介绍横幅视频和竖幅视频的生成方法。

用户在输入了视频的文字描述之后，可以根据视频内容和目标发布平台的特点，选择合适的视频比例。横幅视频适用于传统的宽屏观看体验，方幅视频则适合社交媒体平台，而竖幅视频则迎合了移动设备上的观看习惯。

12.2.1　生成横幅视频

横幅视频，通常指的是具有横向宽屏比例的视频格式，这种格式的视频在视觉上能够提供更宽广的视野和更丰富的场景内容。横幅视频的预设参数主要包括16∶9、21∶9和4∶3这3种，非常适合展示场景的深度和宽度，适用于叙事性内容，如电影、电视剧和纪录片。横幅视频的比例更符合人眼的视觉习惯，观看时可以减少头部转动，提供更舒适的观看体验。

扫码看教学视频

【效果展示】：如果视频内容是风景或者需要展示宽广视野的场景，横幅视频可能是最佳选择，效果如图12-16所示。

图 12-16　效果展示

下面介绍生成横幅视频的操作方法。

步骤01 进入即梦AI手机版，点击"视频生成"按钮，进入相应的界面，输入相应的提示词，用于指导AI生成特定的视频，如图12-17所示。

步骤02 ❶点击 按钮；❷在"选择比例"选择区中选择4∶3选项，如图12-18所示，让AI生成横幅视频。

步骤03 点击"生成"按钮，即可生成一段视频，如图12-19所示。

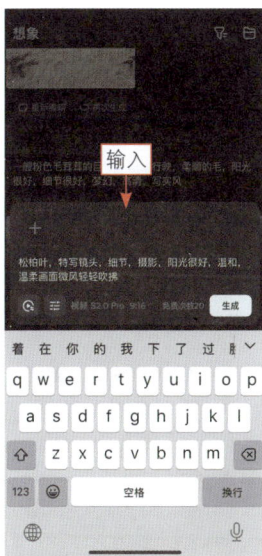

图 12-17　输入相应的提示词　　图 12-18　选择 4∶3 选项　　图 12-19　生成一段视频

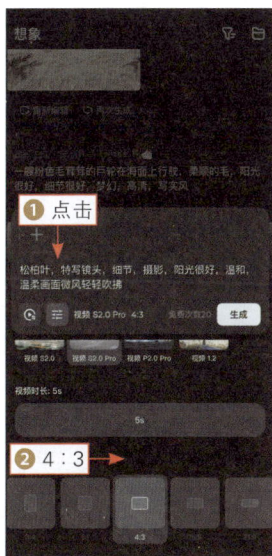

12.2.2　生成竖幅视频

竖幅视频的高度大于宽度，常见的比例有3∶4、9∶16等，这与传统的横幅视频相反。竖幅视频在智能手机和移动设备上更为流行，

扫码看教学视频

因为人们通常以竖屏模式持握和操作这些设备。下面介绍竖幅视频的主要特点。

① 集中的视觉焦点：由于屏幕较窄，竖幅视频能够将观众的注意力集中在画面的垂直中心线上，有助于突出主体和细节。

② 社交媒体友好：许多社交媒体平台，如抖音、快手、Snapchat、Instagram和TikTok等，都支持竖幅视频，并经常优先展示这种格式的内容。

③ 适合个人化内容：竖幅视频非常适合展示个人化的内容，如Vlog、个人故事、教程和生活记录。

④ 交互性强：由于竖屏模式下用户可以单手操作设备，竖幅视频可以提供更便捷的交互体验，适合快速浏览和切换内容。

⑤ 垂直广告：竖幅视频也常用于移动设备上的广告，因为它们能够更有效地吸引用户的注意力，尤其是在用户滚动浏览内容时。

⑥ 沉浸式体验：在手机等移动设备上，竖幅视频提供了一种沉浸式的观看体验，观众可以更直接地与内容互动。

⑦ 故事叙述：竖幅视频格式适合叙述故事，特别是当故事内容围绕个人或小规模场景展开时。

⑧ 展示细节：竖幅视频在呈现上具有独特魅力，它能够突出展示垂直方向上的诸多细节。比如，在展现建筑物时，可以强调其高度和垂直线条的延伸感；树木的挺拔身姿在竖幅画面中更显生命力；人物的全身像则能完整地展现出姿态和着装细节。

⑨ 创新构图：竖幅视频以其独特的画面比例，鼓励用户在创作时采用更多富有新意的构图技巧。这种格式能够自然地适应各种垂直的视觉空间，如高楼大厦、树木林立的公园小径或人物的全身特写，使画面更加引人入胜且充满艺术感。

【效果展示】：使用竖幅视频格式可以很好地展示主体，尤其是在展示风格和样貌时，不仅能够展示风格的特别，还可以展示主体的宏伟，甚至呈现出视频规模，效果如图12-20所示。

图12-20　效果展示

下面介绍生成竖幅视频的操作方法。

步骤01 进入即梦AI手机版，点击"视频生成"按钮，进入相应的界面，输入相应的提示词，用于指导AI生成特定的视频，如图12-21所示。

步骤02 ❶点击▦按钮；❷在"选择比例"选择区中选择9∶16选项，如图12-22所示，让AI生成竖幅视频。

步骤03 点击"生成"按钮，即可生成相应的视频，效果如图12-23所示。

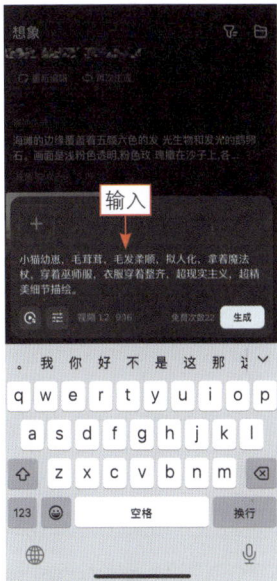

图 12-21　输入相应的提示词　　图 12-22　选择 9 ∶ 16 选项　　图 12-23　生成相应的视频

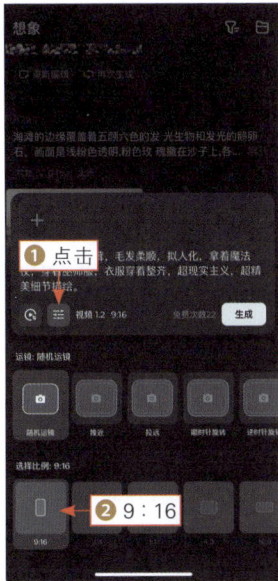

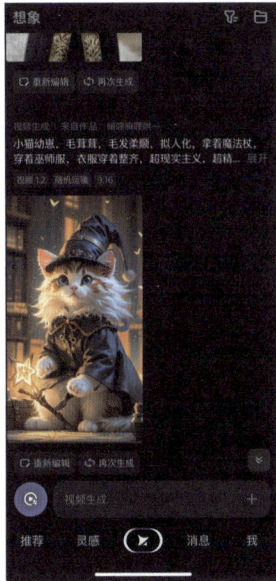

本章小结

本章首先介绍了文生视频的创作逻辑，包括主体部分、场景设置及视觉细节；接着探讨了设置比例与模型以生成完美动态视频的方法，包括了横幅和竖幅视频的生成。

课后实训

以下是精心设计的课后实训项目，旨在通过实践加深读者对知识点的理解和记忆。请认真参与每项练习，以实现知识的内化和应用。

【实训任务】：通过使用详细的技术和风格提示词，AI能够生

扫码看教学视频

203

成具有高度创意和专业水准的视频内容，满足用户的艺术愿景，并为观众带来引人入胜的视觉体验。请运用即梦AI手机版使用详细的技术和风格提示词生图，效果如图12-24所示。

下面介绍通过描述技术和风格来生成视频的操作方法。

步骤01 进入即梦AI手机版，点击"视频生成"按钮，进入"想象"界面，输入相应的提示词，用于指导AI生成特定的视频，如图12-25所示。

图 12-24　效果展示

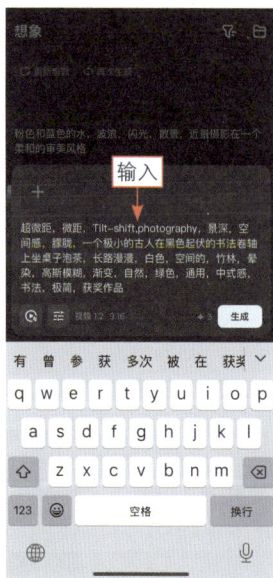

步骤02 点击"生成"按钮，开始生成视频，并显示生成进度，如图12-26所示。

步骤03 稍等片刻，即可生成相应的视频，效果如图12-27所示。点击"重新编辑"按钮，对提示词和生成参数进行修改，可以生成更符合用户期望的视频效果。

图 12-25　输入相应的提示词　　图 12-26　显示生成进度　　图 12-27　生成相应的视频

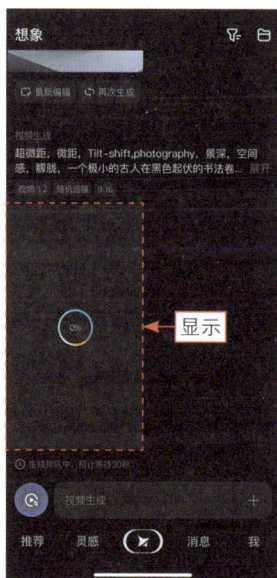

第 13 章　图生视频

本章深入图生视频领域，首先揭秘两种创新方式：图文结合与首尾帧技术，让静态图像跃然屏上；紧接着，探索视频编辑的边界，从视频的重生到时长的延伸，每一节都是对视频创作可能性的一次拓展。

13.1　图生视频的两种方式

在AI图生视频的世界里，将静态的图像转化为动态视频的艺术正变得日益丰富和容易。随着人工智能技术的飞速发展，人们现在有多种方法来实现这一创造性的转换。本节主要介绍即梦AI平台上的两种图生视频方式：图文结合实现图生视频，以及使用首尾帧实现图生视频。

13.1.1　图文结合实现图生视频

【效果展示】：图文结合实现图生视频是一种更为综合的创作方式，不仅利用了图像的视觉元素，还结合了文字描述来增强视频的叙事性和表现力。这种方法为用户提供了更大的创作自由度，使用户们能够通过文字引导AI生成更加丰富和个性化的视频内容，效果如图13-1所示。

扫码看教学视频

图 13-1　效果展示

下面介绍通过图文结合实现图生视频的操作方法。

步骤 01 进入"想象"界面，在界面下方点击➕按钮，进入相应的面板，选择一张图片，即可上传参考图，如图13-2所示。

步骤 02 在下方的输入框中输入相应的描述词，用于指导AI生成特定的视频，如图13-3所示。

步骤 03 点击"生成"按钮，即可生成相应的视频，效果如图13-4所示。

图 13-2　点击+按钮　　　图 13-3　输入相应的描述词　　　图 13-4　生成相应的视频

13.1.2　使用首尾帧实现图生视频

【效果展示】：使用首尾帧实现图生视频是一种高级技术，通过定义视频的起始帧（即首帧）和结束帧（即尾帧），让AI在两者之间生成平滑的过渡和动态效果，如图13-5所示。

扫码看教学视频

下面介绍使用首尾帧实现图生视频的操作方法。

图 13-5　效果展示

步骤 01　进入"想象"界面，点击+按钮，上传参考图，如图13-6所示。

步骤 02　弹出相应的界面，点击"首尾帧"按钮，如图13-7所示，启用该功能，首尾帧功能允许用户精确定义视频结束时的确切画面，对视频最终视觉效果进行完全控制。

步骤 03 点击"添加尾帧"按钮，上传一张参考图，作为AI视频的结束帧，如图13-8所示，这里的首尾帧照片是同一张，但用户可以使用不同的照片，制作的视频效果更佳，操作步骤是相同的。

图 13-6 点击■按钮　　　图 13-7 点击"首尾帧"按钮　　　图 13-8 上传一张参考图

步骤 04 输入相应的描述词，用于指导AI生成特定的视频，如图13-9所示。

步骤 05 点击"生成"按钮，即可生成相应的视频，效果如图13-10所示。

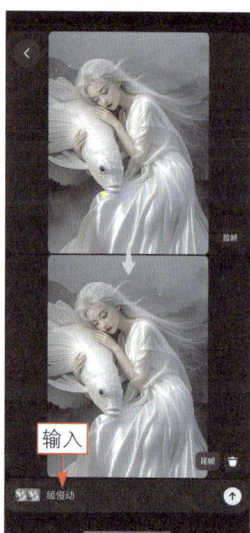

图 13-9 输入相应的描述词　　　　　　图 13-10 生成相应的视频

13.2 再次生成与设置视频时长

即梦AI平台提供了一系列工具和功能，使用户能够轻松地再次生成视频和设置视频时长。本节主要介绍使用即梦AI再次生成视频与设置视频时长的方法。

13.2.1 再次生成视频

【效果展示】：在创作和编辑AI视频的过程中，用户可能会遇到需要对现有视频进行重新生成或调整的情况。此时，即梦AI的再次生成功能可以满足用户对视频内容的高标准和个性化需求，效果如图13-11所示。

下面介绍再次生成视频的操作方法。

步骤01 在"想象"界面中，点击➕按钮，如图13-12所示，上传一张参考图。

步骤02 在下方的输入框输入相应的描述词，如图13-13所示。

步骤03 点击"生成"按钮，选择生成好的视频，放大预览视频，效果如图13-14所示。

扫码看教学视频

图 13-11 效果展示

图 13-12 点击➕按钮

图 13-13 输入相应的描述词

图 13-14 点击⬆按钮

步骤04 ①稍等片刻，即可生成相应的视频；②点击"重新编辑"按钮，如图13-15所示，可根据自身需求重新更改提示词。

步骤05 点击 ▦ 按钮，弹出相应的面板，如图13-16所示。

步骤06 在"运镜"选项区中，选择"推近"选项，如图13-17所示，为视频添加推近运镜效果。

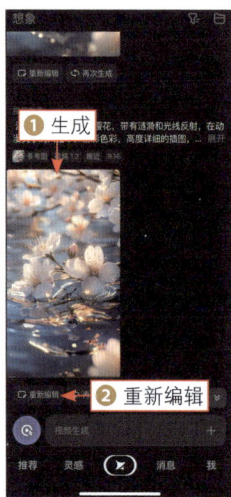

图 13-15　点击"重新编辑"按钮　　图 13-16　点击 ▦ 按钮　　图 13-17　选择"推近"选项

步骤07 点击"生成"按钮，如图13-18所示，即可生成相应的视频。

步骤08 在视频下方，点击"再次生成"按钮，如图13-19所示。

步骤09 执行操作后，即可重新生成视频，效果如图13-20所示。

图 13-18　点击"生成"按钮　　图 13-19　点击"再次生成"按钮　　图 13-20　重新生成视频

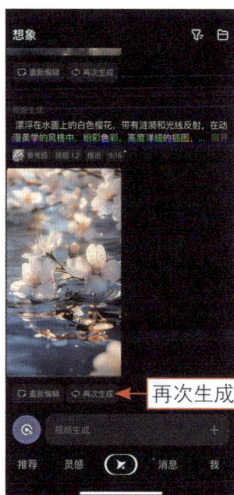

13.2.2　设置视频时长

【效果展示】：在使用即梦AI生成视频时，用户可以对视频的时长进行设置，从而生成时长更长的AI短视频，效果如图13-21所示。

下面介绍设置视频时长的操作方法。

步骤01 进入"想象"界面，点击 ➕ 按钮，如图13-22所示，上传参考图。

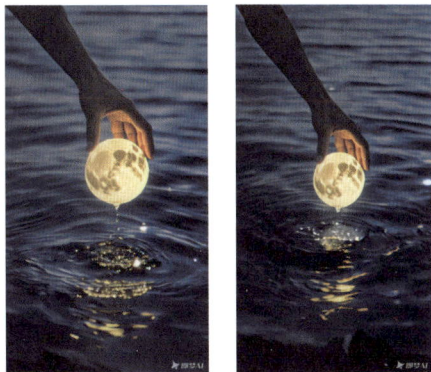

步骤02 在下方的输入框中输入相应的描述词，如图13-23所示。

步骤03 ❶点击 ▤ 按钮；❷在"视频时长"选项区中选择6s选项；❸在"运镜"选项区中选择"拉远"选项；❹点击"生成"按钮，如图13-24所示，即可生成时长更长、内容更丰富的视频。

扫码看教学视频

图 13-21　效果展示

图 13-22　点击 ➕ 按钮　　图 13-23　输入相应的描述词　　图 13-24　点击"生成"按钮

本章小结

本章首先介绍了图生视频的两种创作方式，包括图文结合、使用首尾帧等技术手段；接着深入探讨再次生成与设置视频时长的技巧。

课后实训

以下是精心设计的课后实训项目，旨在通过实践加深读者对知识点的理解和记忆。请认真参与每项练习，以实现知识的内化和应用。

【实训任务】：生成对口型视频是即梦AI的一大亮点，该功能利用AI技术将音频与人物的口型完美同步，创造出既真实又具有吸引力的视频内容，在语言教学、广告宣传等多个领域都有着广泛的应用，请运用即梦手机版生成一段"对口型"视频，效果如图13-25所示。

下面介绍生成对口型视频的操作方法。

图 13-25　效果展示

步骤01 进入"想象"界面，点击➕按钮，如图13-26所示，上传一张参考图。

步骤02 在界面下方，点击"对口型"按钮，如图13-27所示。

步骤03 展开"选择对口型音色"面板，❶输入相应的朗读文案；❷选择"高冷御姐"选项；❸点击▶按钮，如图13-28所示，即可生成对口型视频。

图 13-26　点击➕按钮

图 13-27　点击"对口型"按钮

图 13-28　点击▶按钮

第 14 章　即梦 AI 智能新玩法

本章探索AI剪辑新应用，涵盖作品细节提升、智能扩图及音乐生成，从局部重绘至音乐创作，介绍了AI如何为艺术创作带来革命性变革。

14.1　AI局部重绘提升作品细节

局部重绘是一种常用的AI图像编辑技术，它允许用户对图像的特定部分进行选择性地重新绘制或修改，在数字绘画、照片修复、广告制作和电影特效等多个领域都有着广泛的应用。本节主要介绍即梦AI中局部重绘功能的使用方法，帮助大家创造有趣的视觉效果，让作品更加吸引大众的关注。

14.1.1　添加重绘蒙版

【效果对比】：在对图像进行局部重绘处理时，用户可以利用画笔工具 ✏ 来精确地定义需要重绘的蒙版区域。例如，在花朵照片处理项目中，局部重绘可以用来创造或修改花瓣特征，如改变花瓣形状和花瓣上面的动物，增强画面的视觉效果，原图与效果对比如图14-1所示。

扫码看教学视频

图 14-1　原图与效果图对比

下面介绍添加重绘蒙版的操作方法。

步骤01 打开即梦AI网页版，在"AI作图"选项区中单击"图片生成"按钮，进入"图片生成"页面，单击"导入参考图"按钮，如图14-2所示。

步骤02 执行操作后，弹出"打开"对话框，❶选择相应的参考图；❷单击"打开"按钮，如图14-3所示，即可上传参考图。

图 14-2　单击"导入参考图"按钮

步骤03 弹出"参考图"对话框，单击"保存"按钮，如图14-4所示，保存

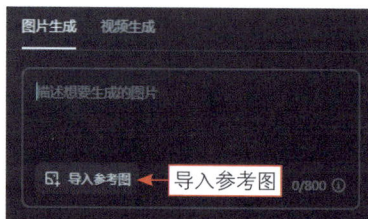

图片的参考维度。

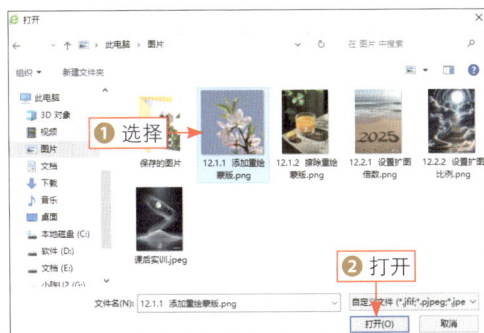

图 14-3　单击"打开"按钮

图 14-4　单击"保存"按钮

步骤 04 输入提示词，单击"立即生成"按钮，即可生成4张图像，选择一张合适的图像，❶单击图像上方的▦按钮；在弹出的列表中；❷选择"去画布进行编辑"选项，如图14-5所示。

图 14-5　选择"去画布进行编辑"选项

步骤 05 进入相应的页面，单击"局部重绘"按钮，如图14-6所示。

图 14-6　单击"局部重绘"按钮

步骤 06 即可使用画笔工具▰在需要修改的地方涂抹，添加重绘蒙版，如图14-7所示。

步骤 07 ❶使用相同的操作方法，涂抹整个花瓣，在整个花瓣区域都添加重绘蒙版；❷在"局部重绘"对话框的下方，输入相应的提示词，用于指导AI生成特定的图像，如图14-8所示。

图 14-7　在需要修改的地方上面涂抹

图 14-8　输入相应的提示词

步骤 08 单击"局部重绘"按钮，即可在重绘蒙版区域生成相应的图像，而其他非蒙版区域的图像不会产生任何改变，如图14-9所示。

图 14-9　生成相应的图像效果

14.1.2　擦除重绘蒙版

【效果对比】：在创建重绘蒙版的过程中，如果用户需要修正或移除蒙版上的某些部分，可以使用橡皮擦工具 来精确地擦除多余的蒙版区域。橡皮擦工具 是重绘蒙版时不可或缺的辅助工具，它提供了强大的编辑能力，帮助用户实现精确的蒙版创作。通过不断练习和熟悉这些工具的使用，用户可以更加自如地掌握图像编辑技巧，创作出更加专业和个性化的作品，原图与效果对比如图14-10所示。

扫码看教学视频

图 14-10　原图与效果图对比

下面介绍擦除重绘蒙版的操作方法。

步骤01 进入"图片生成"页面，输入相应的提示词，单击"立即生成"按钮，即可生成相应的图像，如图14-11所示。

图 14-11　生成相应的图像

步骤02 选择合适的图像，❶单击图像上方的┄按钮；在弹出的列表中；❷选择"去画布进行编辑"选项，如图14-12所示。

图 14-12　选择"去画布进行编辑"选项

步骤03 进入相应的页面，❶单击"局部重绘"按钮；❷使用画笔工具✐涂抹主体图像，添加重绘蒙版区域，如图14-13所示。

步骤04 在"局部重绘"对话框的左下角，❶选取橡皮擦工具✐；❷适当调小橡皮擦；❸使用橡皮擦工具✐擦除重绘蒙版上不需要的部分，如图14-14所示。

图 14-13　涂抹主体图像

图 14-14　擦除重绘蒙版上不需要的部分

步骤05 输入相关提示词，单击"局部重绘"按钮，即可在重绘蒙版区域生成相应的图像，而其他非蒙版区域的图像变化则不大，效果如图14-15所示。

图 14-15　生成相应的图像效果

14.2　智能扩图拓展图片边界

即梦AI的智能扩图功能是一种先进的AI图像处理技术，它通过人工智能算法对图像进行分析和处理，以实现对图像画布的智能放大和场景的扩展。本节主要介绍使用即梦AI的智能扩图功能的相关技巧，为图像编辑和创意产业带来更多的可能性。

14.2.1　设置扩图倍数

【效果对比】：即梦AI的智能扩图功能支持1.5x、2x、3x等多倍数图像放大，让用户根据需求灵活调整图像尺寸，满足展示或高质量

扫码看教学视频

打印的不同需求，原图与效果对比如图14-16所示。

下面介绍设置扩图倍数的操作方法。

步骤 01 在"图片生成"页面中，单击"导入参考图"对话框，如图14-17所示。

步骤 02 执行操作后，弹出"打开"对话框，❶选择相应的参考图；❷单击"打开"按钮，如图14-18所示，即可上传参考图。

图 14-16　原图与效果图对比

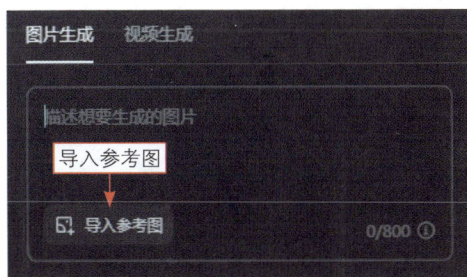

图 14-17　单击"导入参考图"按钮

图 14-18　单击"打开"按钮

步骤 03 弹出"参考图"对话框，选中"角色特征"单选按钮，如图14-19所示，让AI参考图片的角色特征进行创作。

步骤 04 单击"保存"按钮，完成参考项的设置，单击"立即生成"按钮，即可生成4张图像，如图14-20所示。

图 14-19　选中"角色特征"单选按钮

图 14-20　生成相应的图像

步骤 05 选择合适的图像，❶单击图像上方的⋯按钮，在弹出的列表中；❷选择"去画布进行编辑"选项，如图14-21所示。

图 14-21　选择"去画布进行编辑"选项

步骤 06 进入相应的页面，在图像上方的工具栏中，单击"扩图"按钮■，弹出"扩图"对话框，❶单击1.5x按钮；❷在弹出的列表中选择2x选项，表示将图像画布扩大2倍，如图14-22所示，选择3：4选项，改变比例尺寸。

步骤07 不需要输入提示词，单击"扩图"按钮，执行操作后，即可生成相应的图像，AI会在参考图的基础上，绘制扩展画布中的图像，效果如图14-23所示。

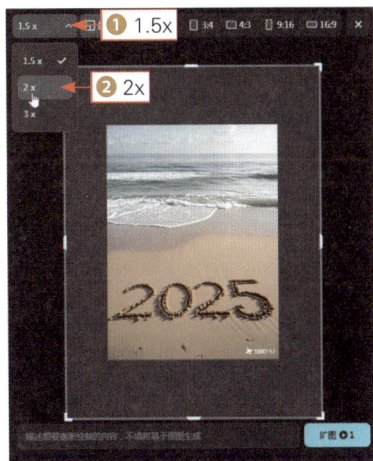

图 14-22　选择 2x 选项

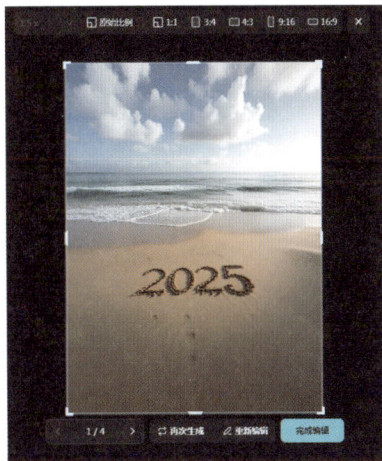

图 14-23　生成相应的图像

14.2.2　设置扩图比例

【效果对比】：在即梦AI的智能扩图功能中，用户可以根据自己的需求选择不同的比例扩大图像场景，提供了包括原比例以及多种预设比例选项，如1∶1、9∶16、4∶3、16∶9等。因此，智能扩图功能赋予了用户极大的灵活性，用户可以根据特定的展示或打印需求，选择最合适的图像比例进行扩图。无论是保持原比例的忠实呈现，还是适配特定媒介的特定比例，用户都可以轻松实现，原图与效果对比如图14-24所示。

扫码看教学视频

图 14-24　原图与效果图对比

下面介绍设置扩图比例的操作方法。

步骤 01 进入"图片生成"页面，输入相应的提示词，如图14-25所示。

步骤 02 单击"立即生成"按钮，即可生成相应的图像，如图14-26所示。

步骤 03 选择合适的图像，单击下方的"细节修复"按钮，如图14-27所示。

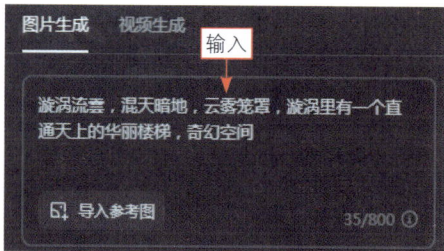

图 14-25　输入相应的提示词

图 14-26　生成相应的图像

图 14-27　单击下方的"细节修复"按钮

步骤 04 执行操作后，即可生成修复细节后的图像，❶单击图像上方的 ⋯ 按钮；❷在弹出的列表中，选择"去画布进行编辑"选项，如图14-28所示。

步骤 05 进入相应的页面，在图像上方的工具栏中，单击"扩图"按钮，弹出"扩图"对话框，❶选择9∶16选项，将画布扩展为竖图；❷输入相应的提示词，用于指导AI生成特定的图像，如图14-29所示。

图 14-28　选择"去画布进行编辑"选项

图 14-29　输入相应的提示词

步骤 06 单击"扩图"按钮，即可生成相应的图像，AI会根据提示词扩展图像上下两侧的场景，如图14-30所示。

图 14-30　生成相应的图像

14.3　用AI生成音乐

即梦AI的音乐生成功能，允许用户通过简单的操作一键生成音乐。用户可以选择曲风、心情和音色，系统便能自动创作出人声歌曲或纯音乐。这项功能每天提供3次免费生成音乐的机会，并且支持对生成的音乐进行进一步的修改，极大地丰富了视频创作的音乐选择，提升了创作的便捷性和个性化。

扫码看教学视频

下面介绍使用即梦AI生成音乐的操作方法。

步骤 01 在即梦AI网页版首页中，单击"音乐生成"按钮，如图14-31所示。

图 14-31　单击"音乐生成"按钮

步骤 02 执行操作后，进入"音乐生成"页面，在"人声歌曲"选项卡中输入相应的提示词，如图14-32所示，用于指导AI生成特定的视频。

步骤 03 在"音乐风格"选项区，❶选择"民谣"选项；❷单击"立即生成"按钮，如图14-33所示。

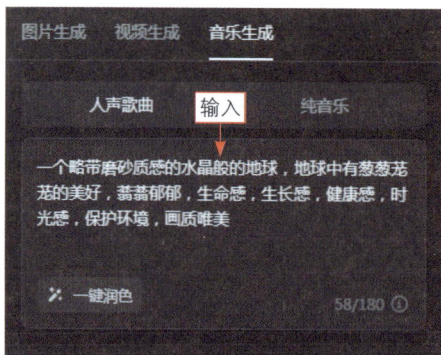

图 14-32　输入相应的提示词

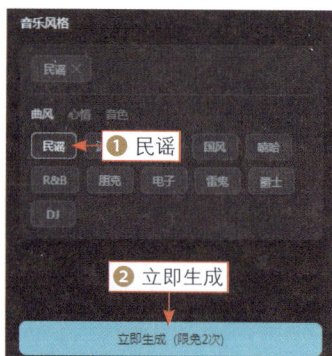

图 14-33　单击"立即生成"按钮

步骤 04 稍等片刻，即可生成人声歌曲，如图14-34所示。

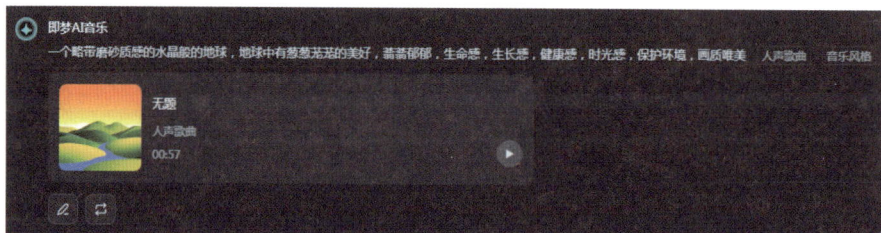

图 14-34　生成相应的歌曲

本章小结

本章首先介绍了AI局部重绘功能的用法，可用来添加或擦除蒙版来优化作品；接着讲了智能扩图，能调整倍数和比例来丰富图片；最后介绍AI生成音乐功能，为即梦AI增添了新亮点。

课后实训

以下是精心设计的课后实训项目，旨在通过实践加深读者对知识点的理解和记忆。请认真参与每项练习，以实现知识的内化和应用。

扫码看教学视频

【实训任务】：参考14.2.2一节中的内容，结合运用即梦AI手机版设置扩图比例来生成一张图像，原图与效果对比如图14-35所示。

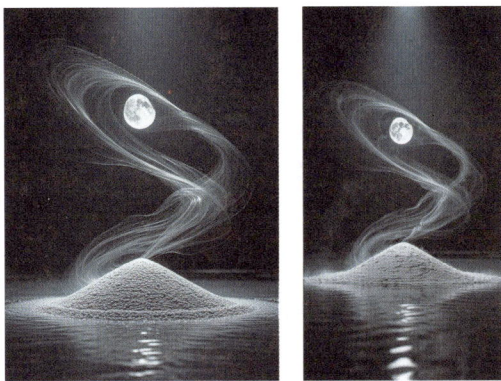

下面介绍设置扩图比例的操作方法。

步骤01 进入"图片生成"页面，输入相应的提示词，单击"立即生成"按钮，即可生成相应的图像，如图14-36所示，在生成的4张图像中选择一张合适的，单击"细节修复"按钮。

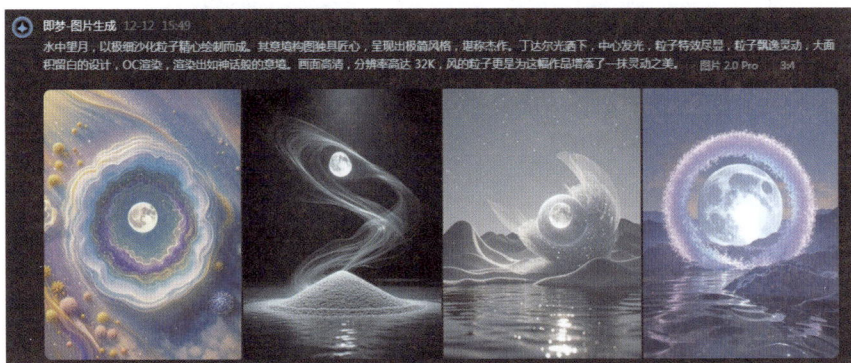

图 14-35　原图与效果图对比

图 14-36　生成相应的图像

步骤02 执行操作后，生成修复细节后的质量更高的图像，❶单击图像上方的按钮；❷在弹出的列表中，选择"去画布进行编辑"选项，如图14-37所示。

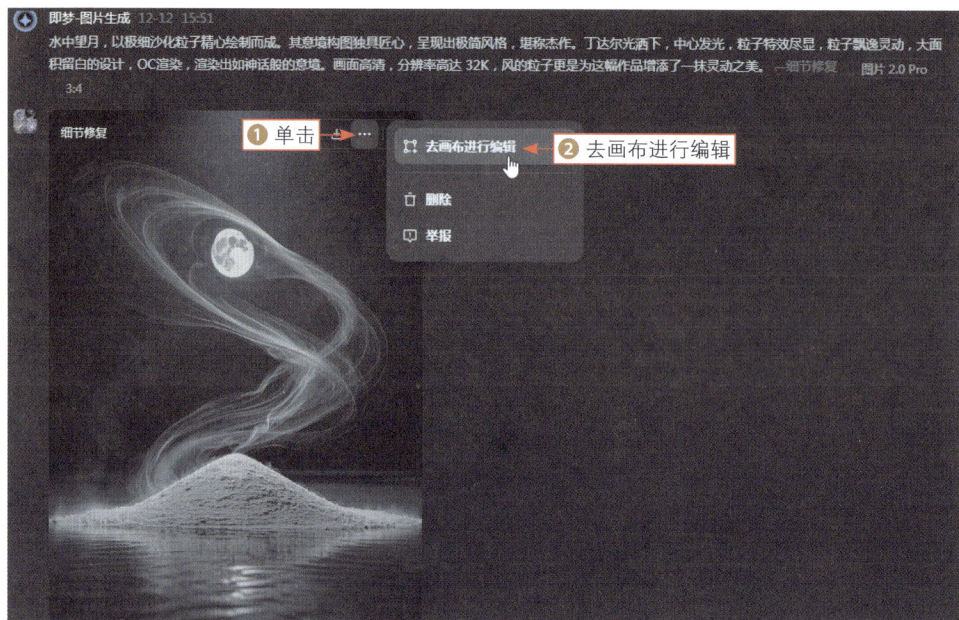

图 14-37　选择"去画布进行编辑"选项

步骤03 进入相应的页面，在图像上方的工具栏中，单击"扩图"按钮，弹出扩图对话框，选择9∶16选项，❶输入相应的提示词；❷单击"扩图"按钮，如图14-38所示，即可生成相应的图像。

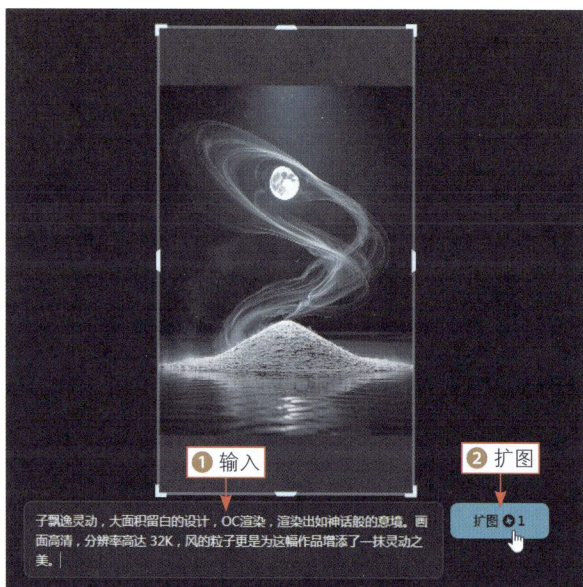

图 14-38　单击"扩图"按钮

第 15 章　网页版的综合案例

目前，AI创意工具应用的边界正在不断拓展，从生成图像到制作视频，再到智能配音，各环节的功能互相结合，形成了完整的创作闭环。本章深入探讨即梦AI的多种核心功能，通过文生图、图生图、图生视频及AI配音等，全面展示其在创意表达上的强大潜力。

15.1　即梦AI全流程效果展示

【效果展示】：即梦AI利用AI技术，可以帮助用户实现从文字到图像、视频及配音的多元创作，展现技术与艺术的融合与创意的多样表达，效果如图15-1所示。

扫码看案例效果

图 15-1　效果展示

15.2　使用即梦AI文生图

即梦AI强大的图像生成能力让许多人对这个领域充满了无限遐想，特别是它的文生图功能，只需通过简单的文本描述，即可生成效果精美、生动的图像，这为大家的创作提供了极大的便利。

扫码看教学视频

下面介绍在即梦AI网页版中文生图的操作方法。

步骤 01 进入即梦AI网页版首页，在"AI作图"选项区中，单击"图片生成"按钮，如图15-2所示。

图 15-2　单击"图片生成"按钮

步骤 02 执行操作后，进入"图片生成"页面，输入相应的描述词，用于指导AI生成特定的图像，如图15-3所示。

步骤 03 单击"立即生成"按钮，即可生成4张图片，如图15-4所示，单击相应的图片，可以放大查看图片的效果。

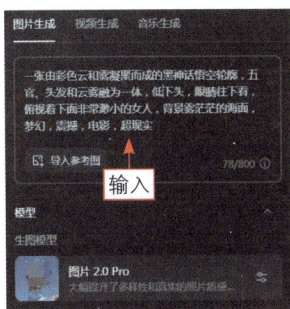

图 15-3　输入相应的提示词

图 15-4　生成 4 张图片

15.3　使用即梦AI以图生图

在即梦AI的"参考图"功能中，可以参考图片主体来生成AI图片。AI首先会识别参考图片中的主要对象或视觉焦点，包括人物、动物或物体等，然后分析参考图片的风格和视觉特征，在生成新图片时，AI会尝试保持参考图片中的角色形象不变，同时对背景、动作或其他元素进行变化。

扫码看教学视频

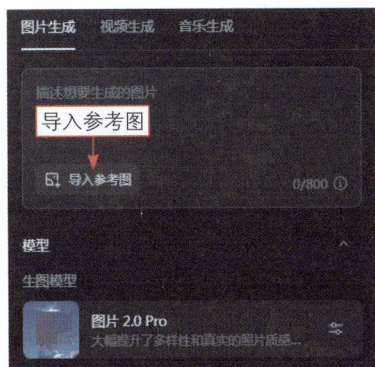

下面介绍在即梦AI网页版中以图生图的操作方法。

步骤 01 进入"图片生成"页面，单击"导入参考图"按钮，如图15-5所示。

步骤 02 执行操作后，弹出"打开"对话框，❶选择需要上传的参考图；❷单击"打开"按钮，如图15-6所示，上传参考图，并弹出"参考图"对话框。

图 15-5　单击"导入参考图"按钮

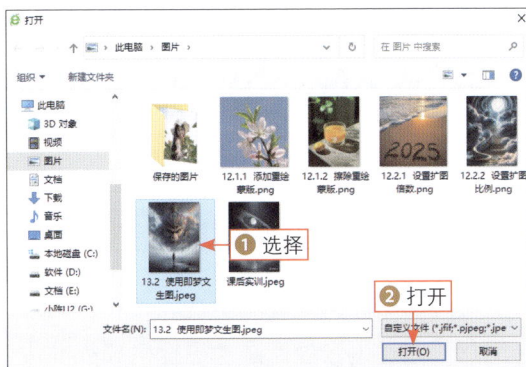

图 15-6　单击"打开"按钮

步骤 03 选中"智能参考"单选按钮，如图15-7所示，此时AI会自动识别参考图的大概特征。

步骤 04 单击"保存"按钮，返回"图片生成"页面，输入框中显示了已上传的参考图，此时输入相应的提示词，如图15-8所示，用于指导AI生成特定的图像。

图 15-7　选中"智能参考"单选按钮　　　　图 15-8　输入相应的提示词

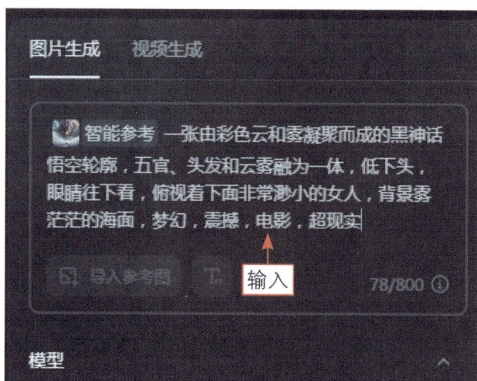

步骤 05 单击"立即生成"按钮，即可生成4幅相应的AI图片，如图15-9所示，这里选择的是第1张图片。

图 15-9　生成 4 幅相应的 AI 图片

15.4　使用即梦AI图生视频

通过单图快速实现图生视频是一种高效的AI视频生成技术，它允许用户仅通过一张静态图片迅速生成视频内容。这种方法非常适合需要快速制作动态视觉效果的场合，无论是社交媒体的短视频，还是在线广告的快

扫码看教学视频

速展示，都能轻松实现。

下面介绍在即梦AI网页版中图生视频的操作方法。

步骤01 进入即梦AI网页版首页，在"AI视频"选项区中，单击"视频生成"按钮，进入"视频生成"页面，在"图片生视频"选项卡中单击"上传图片"按钮，如图15-10所示。

步骤02 执行操作后，弹出"打开"对话框，❶选择相应的参考图；❷单击"打开"按钮，如15-11所示，即可上传参考图。

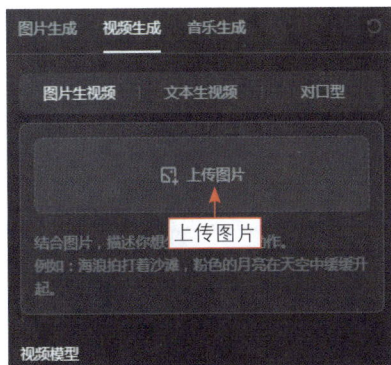

图 15-10　单击"上传图片"按钮

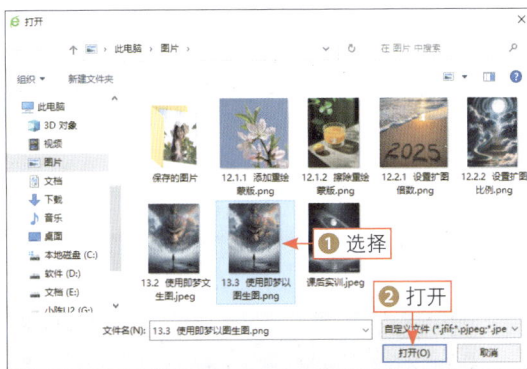

图 15-11　单击"打开"按钮

步骤03 单击"生成视频"按钮，即可开始生成视频，并显示生成进度，稍等片刻，即可生成相应的视频，效果如图15-12所示。

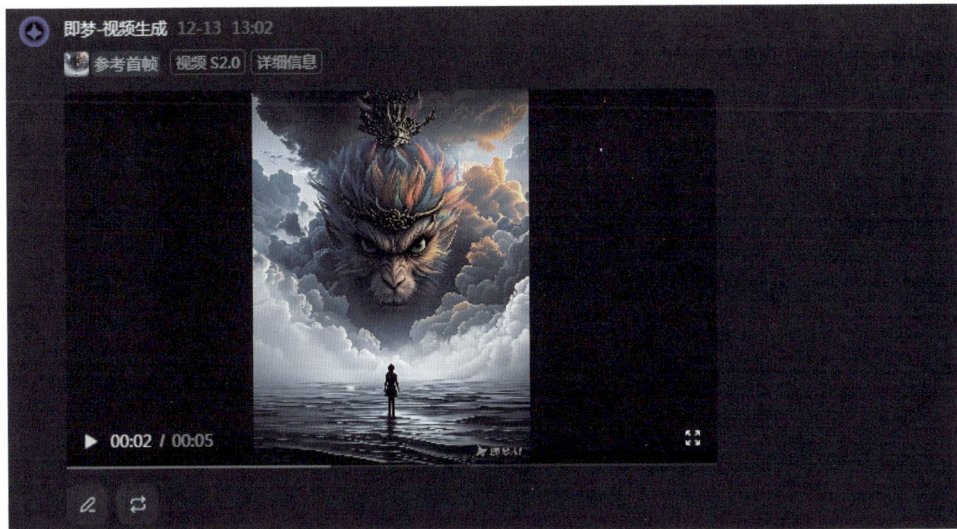

图 15-12　生成相应的视频

15.5 使用即梦AI进行配乐

AI配乐技术为作品注入了生动的声音元素，使内容更具表现力。从自动化生成到多种语音风格选择，即梦AI的配乐功能展现了智能与艺术结合的独特魅力，为创作提供了更便捷、高效的解决方案。

下面介绍使用即梦AI进行配乐的操作方法。

步骤01 接上一例继续操作，在生成的视频右下角单击"AI配乐"按钮🎵，如图15-13所示，给视频添加音乐。

图 15-13　单击"AI 配乐"按钮

步骤02 在"AI配乐"对话框中，选中"根据画面配乐"单选按钮，如图15-14所示，选择配乐方式。

步骤03 单击"生成AI配乐"按钮，即可生成3首配乐，如图15-15所示，用户可以根据自身需求为视频选择一首配乐。

图 15-14　选中"根据画面配乐"单选按钮

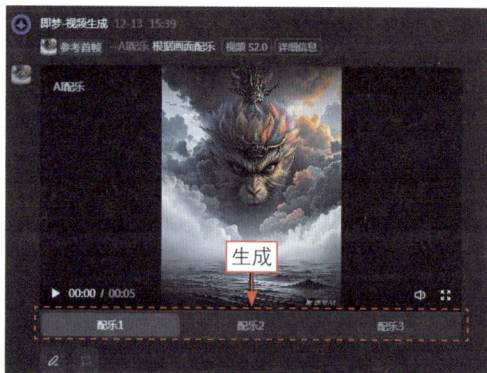

图 15-15　即可生成 3 首配乐

【综合篇】

第 16 章　DeepSeek+ 豆包 + 即梦 AI+ 剪映综合应用

如今，AI技术在创意领域的应用日益广泛，从文案生成到视频创作，再到后期剪辑，各环节紧密相连。本章将深入探讨DeepSeek、豆包、即梦AI及剪映等工具，展示它们在创意表达上的协同力量。

16.1　综合案例效果

【效果展示】：借助DeepSeek生成精炼的文案，使用豆包生成图片，使用即梦AI将其转化为视频，剪映则用来助力后期剪辑，共同探索从文字到影像的无限可能，效果如图16-1所示。

图 16-1　效果展示

16.2　使用DeepSeek生成文案

借助DeepSeek的强大功能，用户能够轻松生成引人入胜的文案。它不仅理解文本的深层含义，还能捕捉情感的细微差别，让视频文案既能精准传达信息，又充满吸引力和感染力，为视频创作奠定坚实的基础，具体操作方法如下。

步骤 01 登录并进入DeepSeek的"新对话"界面，❶在界面底部的输入框中输入提示词；❷点击发送按钮↑，如图16-2所示。

步骤 02 执行操作后，即可发送提示词，让DeepSeek生成需要的文案，相关回复内容如下。

图 16-2　点击发送按钮 ↑

deepseek

1. 猴子买香蕉：一只调皮的小猴子蹦蹦跳跳地来到水果摊前，眼睛直勾勾地盯着金黄的香蕉，伸出毛茸茸的小爪子，仿佛在思考该挑哪一串带回家。

2.熊猫买苹果：一只憨态可掬的大熊猫慢悠悠地走进水果店，怀里抱着一颗红彤彤的苹果，圆圆的脸上露出满足的笑容，仿佛在说："今天的苹果真新鲜！"

……

16.3 使用豆包实现文生图

借助豆包App这一创新性的AI工具，用户可以将文字灵感瞬间转化为生动形象的图像。豆包App凭借其强大的文生图技术，能够精准地捕捉文字描述中的每一个细节与情感色彩，将它们巧妙地融入图像创作中。

扫码看教学视频

下面介绍在豆包App中进行文生图的操作方法。

步骤01 登录并进入豆包App的"新对话"界面，在界面下方点击"AI生图"按钮，如图16-3所示。

步骤02 进入"AI生图"界面，❶在文本框中输入相应的提示词；❷选择"写真"选项，如图16-4所示，调整生成的图片模型效果。

步骤03 点击发送按钮⬆，即可生成4张相应的图片，如图16-5所示。用同样的方式生成另外两张图片，用户还可以根据自身需求生成一张封面图。

图 16-3 单击"AI生图"按钮   图 16-4 选择"写真"选项   图 16-5 生成4张相应的图片

16.4 使用即梦AI生成视频

在即梦AI中，"图片生视频"功能支持用户使用一张或两张图片生成视频。其中，使用一张图片生成视频就是常说的参考图模式；使用两张图片生成视频即首尾帧模式。

下面介绍在即梦AI中用一张图片生成视频的具体操作方法。

步骤01 打开即梦AI，进入"想象"界面，❶点击添加按钮■，上传一张参考图；❷在下方的输入框中输入提示词，如图16-6所示，描述画面内容。

步骤02 点击"生成"按钮，如图16-7所示。

步骤03 稍等片刻，即可生成第1段视频，如图16-8所示。用同样的方式，将另外两张图片生成视频。

图 16-6 输入提示词　　　图 16-7 点击"生成"按钮　　　图 16-8 生成 1 段视频

16.5 使用剪映进行后期剪辑

剪映是一款功能强大的视频编辑工具，通过剪映进行后期剪辑可以让视频创作变得更加轻松、高效。从精细的画面调整到丰富的特效添加，再到动感的音乐搭配，剪映都能提供全方位的支持，助力用户打造出令人惊艳的影视作品。

下面介绍使用剪映进行后期剪辑的操作方法。

步骤01 打开剪映进入剪辑界面，点击"开始创作"按钮，❶进入"最近项目"界面，在"视频"选项区中选择4段视频素材；❷点击"添加"按钮，如图16-9所示，导入视频素材。

步骤02 点击"文本"按钮，选择"新建文本"选项，❶在输入框中输入文字；❷切换至"字体"选项卡；❸在"热门"选项区中选择一个合适的字体，如图16-10所示，改变文字字体。

步骤03 点击确认按钮☑，调整文字的大小和位置，如图16-11所示。

图 16-9　点击"添加"按钮　　图 16-10　选择一个合适的字体　　图 16-11　调整文字的大小和位置

步骤04 ❶点击"复制"按钮，复制文本；❷调整第2段文字的大小和位置，使其在第2段视频下方；❸修改文字内容，如图16-12所示。

步骤05 用与上面相同的方法给后面两段视频添加文字，如图16-13所示。

步骤06 选择文字素材，点击"文本朗读"按钮，进入"文本朗读"选项区，在"热门"选项卡中选择"小姐姐"选项，如图16-14所示，改变朗读文本的声音。

步骤07 点击"应用到全部"按钮，点击确认按钮☑，即可确认操作，如图16-15所示。

步骤08 点击第1段视频和第2段视频中间的转场按钮□，在"热门"选项卡中选择"倒影"选项，给视频添加转场，如图16-16所示，点击确认按钮☑，确认操作。

图 16-12　修改文字内容

图 16-13　添加文字

图 16-14　选择"小姐姐"选项

步骤09 用与上面相同的方法给视频后面3段视频也添加转场，如图16-17所示。

图 16-15　点击确认按钮 ✓

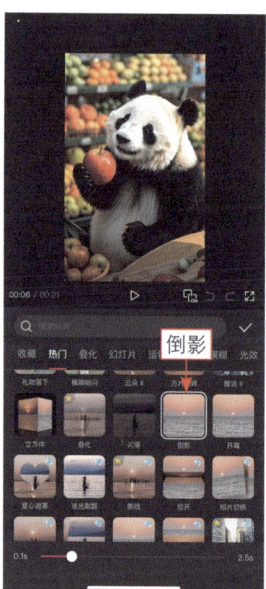

图 16-16　选择"倒影"选项

图 16-17　添加转场

步骤10 为了给视频添加音乐，依次点击"音频""音乐"按钮，进入"音乐"界面，❶选择一首合适的音乐；❷点击"使用"按钮，如图16-18所示。

　　步骤 11 将时间轴拖曳至视频末尾位置，❶选择音频；❷点击"分割"按钮，分割音频；❸点击"删除"按钮，删除多余的音频，如图16-19所示。点击"导出"按钮，即可导出视频。

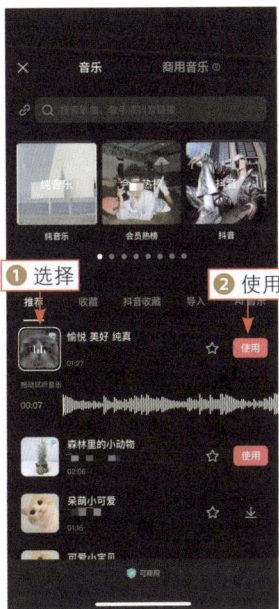

图 16-18　点击"使用"按钮

图 16-19　点击"删除"按钮

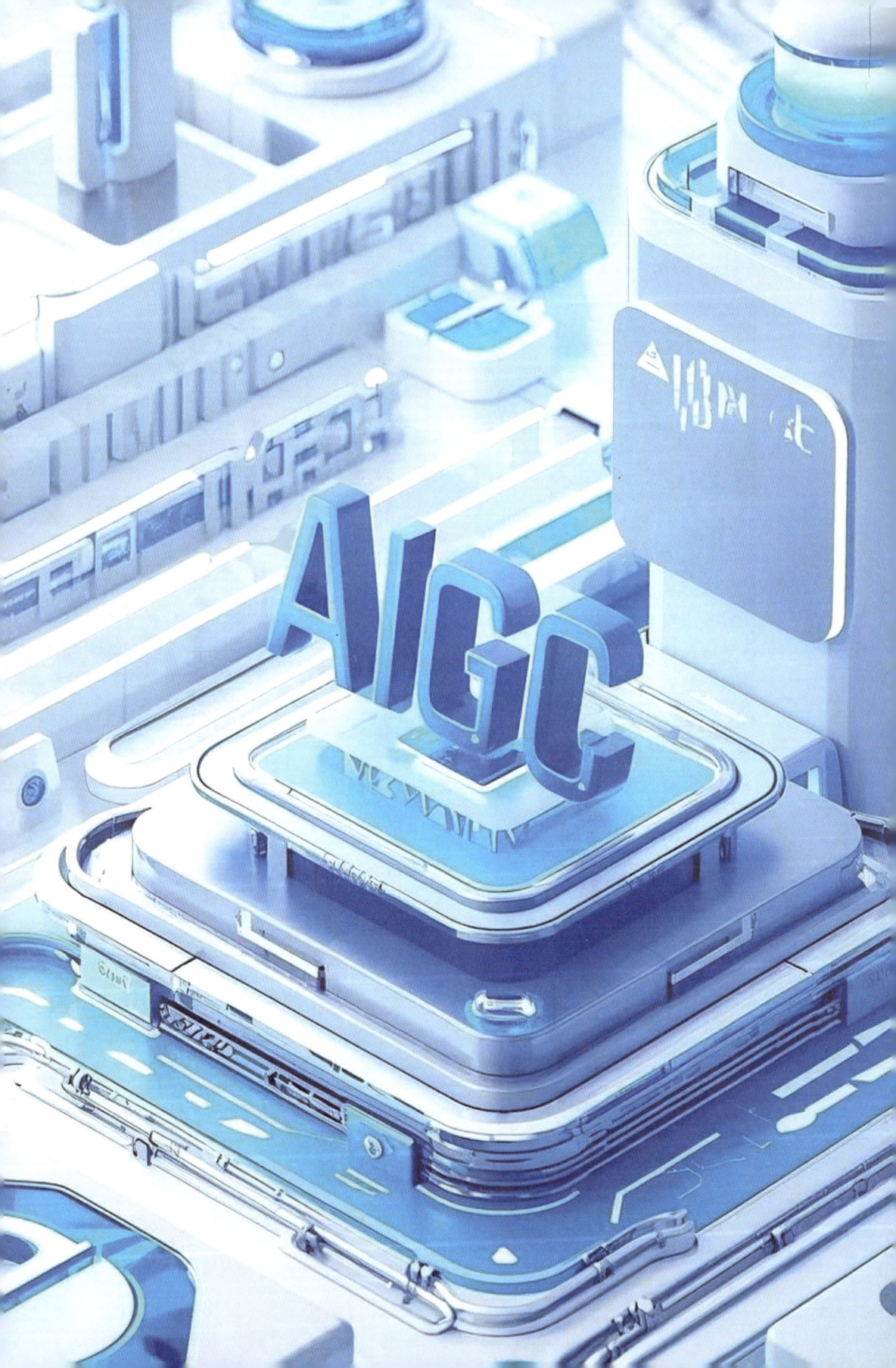